聪明女人告诉你如何读懂男人心

男人都有
九张脸

谭晓明◎编著

中国华侨出版社

图书在版编目（CIP）数据

男人都有九张脸：聪明女人告诉你如何读懂男人心 / 谭晓明编著.
—北京：中国华侨出版社，2013.8
ISBN 978 - 7 - 5113 - 3737 - 5

Ⅰ.①男…　Ⅱ.①谭…　Ⅲ.①男性－心理学－女性读物
Ⅳ.①B844.6 - 49

中国版本图书馆 CIP 数据核字（2013）第 140183 号

●男人都有九张脸：聪明女人告诉你如何读懂男人心

编　　著/谭晓明
责任编辑/文　蕾
封面设计/智杰轩图书
经　　销/新华书店
开　　本/710×1000 毫米　1/16　印张 18　字数 220 千字
印　　刷/北京溢漾印刷有限公司
版　　次/2013 年 8 月第一版　2013 年 8 月第 1 次印刷
书　　号/ISBN 978 - 7 - 5113 - 3737 - 5
定　　价/32.00 元

中国华侨出版社　　　北京朝阳区静安里 26 号通成达大厦 3 层　　　邮编 100028
法律顾问：陈鹰律师事务所
编辑部：（010）64443056　　64443979
发行部：（010）64443051　　传真：64439708
网　　址：www.oveaschin.com
e - mail：oveaschin@sina.com

前　言

　　男人到底有几张脸？在这一张张脸的下面藏匿了多少故事？有没有辛酸？有没有窃喜？有没有诡诈？有没有无法表露的愤怒和忧伤？有些女人说，男人的脸是最难看透的，因为他们特别懂得控制自己，即便是心里真的在想什么，其脸上也不会表现出任何东西。

　　但是男人也是有自己无法掩饰的诸多表情的，单拿笑来说，其中蕴含的心事就是千奇百怪的。每一个人的心境不同，思想不同，因此心机也是各有不同的，对于男人来说，这个世界或许展现的会更为现实，更为残酷一些。对于感情，有些人选择执着，有些人选择淡漠，而有些人则采取一种三心二意的形式。的确，男人在女人面前就是个谜，正如男人常常抱怨自己搞不明白女人一样。

　　但不管是对于男人还是对于女人来说，都是渴望好好地了解一下这些脸孔下的真实心境的，这一点在男人看来，它不但可以让自己更透彻地了解自己，也可以更清楚地了解自己同性的内心世界，从而更好地完善自己，弥补不足。而对于女人而言，和靠谱的男人共事是很重要的，和一个可以依靠的男人共度一生是幸福的，因此不管是在工作中还是在选择另一半的时候，她们都会非常警惕地去观察，去认真地打量身边的每一个男人，读懂他们那一张张脸谱下的真实与虚伪，读懂他们言谈中的实语与谎言。其实，对于她们来说，读懂男人心是给自己上的一份双层保险，可以有效地防止自己上当受骗的同时还能减少内心纠结痛苦。假如自己真的有幸找到了这样一位非常不错的男士，那么不管是与其共事，还是喜结连理都是相当幸福的事情。

其实从很早以前，一些聪明的女人就开始学习如何读懂男人心了，但读来读去，很多女孩子还是会抱怨，为什么学习了那么多，到时候还是会走弯路呢？是男人让自己读不懂，还是自己真的没有多少悟性呢？在这里要说的是，尽管很多聪明女人都会告诉你一些识破心机的常识，却很少有那种能够从对方表情着手，由浅入深地揭露其性格，以及藏在他小算盘里的那些神秘的东西。而作为一个男人，也常常不会说出太多，切实地说，并不是男人就真的能够了解所有男人的心思。正是因为诸多的不了解，所以才会在社会上出现了这么多玄妙的场景。总是让我们觉得不可思议，很多事情看似尽在掌握，但经常也是要遭受一些突然袭击式的洗礼。或许这就是这个世界的有趣之处吧！

本书整体看来虽说不上精辟，但从头到尾阅读下来却能够产生一种与众不同的感受，那些故事就发生在我们的身边，那一张张脸就藏匿在我们的前后左右，不管你是男人还是女人，从现在开始，就让我们翻开它，解密这一张张脸下面包含着的深邃故事吧。相信品读之后，我们都可以从中得到自己想要的东西。

目　录

第一张

笑,笑中的真真假假,心中的酸甜苦辣
——男人的笑往往要比女人复杂得多

第二张

怒,是剑拔弩张的英雄,还是糊糊涂涂的炮灰
——愤怒地动山摇,但也要看他气的有没有智慧

第三张

哀,忧伤的表达,真实往往若隐若现
——男人的伤感世界,未必全有眼泪相伴

第四张

疑，怀疑猜忌要不得，多疑往往引火上身

——智慧的疑惑由复杂变清晰，愚蠢的疑惑由清晰变复杂

第五张

慌，乱了手脚的，未必都是胆小怕事

——有时男人慌得可恨，但有时他们害怕得很可爱

第七张

稳，淡定神情之下，貌似还有一颗不安分的心
——天塌地陷岿然不动，方显男儿英雄本色

第八张

呆，目光迷茫混沌，疲惫中渴望一份温暖
——越是心力交瘁越希望别人的感情救赎

第九张

默，沉默是金，言多必失无需太多答案

——不轻易承诺，不轻易辩解，不轻易告诉你真实的自己

第一张 笑，

笑中的真真假假,心中的酸甜苦辣
——男人的笑往往要比女人复杂得多

　　一张张与众不同的笑脸,总是会给人带来无尽的遐想。一个男人在不同的境遇下,表现出的笑意,总是包含着种种酸甜苦辣。或许人生就如梦境,真真假假,假假真真,一切玄妙,不用去琢磨太多。假如你真的想了解,就抬起头好好观察一下那些就在你身边走来走去的男人吧,不管年龄怎样,相貌如何,职位高低,总而言之,他们的笑容一定要比女人来得复杂得多。

自信而笑：

——自信的神采，是男人征服一切的魅力所在

　　有些男人天天在问怎样才能做一个有魅力的男人。事实上所谓魅力二字与长相家世毫不相关。有些时候男人的魅力就在那一个停留在他脸上几秒钟的微笑，那种笑中透露着丰富的人生阅历，眉宇间存留着一股自信的力量，这种力量可以征服他想要的一切，而这恰恰是一个男人最宝贵的性格特质。

　　女人也好，男人也好，喜欢一个人的最大理由，也许就是魅力。不管表现在哪些方面，至少应该有你所欣赏的地方。男人的魅力是什么？那就是自信！曾在书中看到一段话："女人的力量是什么？是她的魅力，这种魅力能使男人跪倒在她的石榴裙下；男人的力量是什么，是他的魄力，这种魄力能使女人扑到他的怀抱中。"一个男人无论走到哪里，都受到女人的欢迎，这就是最好的魅力体现。可能这个男人根本就不帅，而吸引女人的是他内心和行动中的一种魄力！这种魄力就源自这个男人的自信！一个对自己都没有自信心的人，怎能承担起他应该承担的责任呢？怎么能履行他许下的诺言？因此说，男人的魅力不在于他的外表，长相好看不好看，身体健壮不健壮，有没有所谓的"男子汉"味，而在于他有没有自信心，有没有一种做事自信果断勇敢的魄力！

如果说女人自信源于华丽服饰、漂亮脸蛋以及内在气质。那么，男人的内在自信就是通过他对现实世界的独特感悟和领会来体现。一个有风度的男人就像一片大海，不拒点滴，又包容江河。有风度使男人得到更多的青睐，不争眼前才能够放眼世界，给予别人才能够受益无穷。正所谓"宰相肚里能撑船"，一个心如大海的男人，肚中不知能撑多少船呀！风度翩翩让男人看上去潇洒万千。

在现实生活中，我们几乎每个人都知道自信对事业、对人生的重要性，但是知道自信的必要性，并不就等于有了自信。实际上，缺乏自信一向是困扰人们的大问题，有项针对某大学选修心理学的学生所做的调查，其中有一道问题是"个人最感困扰的事"，调查结果显示，缺乏自信的人占75%的比率。在生活中，因循、畏缩、深陷于不安，有无能感，甚至对自我能力怀疑的人，几乎随处可见。这种类型的人对于自己是否具有担负责任感到疑虑。他们也怀疑自己能否抓住有利机会。他们总认为事情不可能顺利进行，从而抱忐忑不安的心态。此外，他们也不相信自己可以拥有心中想要的东西。于是他们往往退缩而求其次，只要拥有些许的成就便觉心满意足。

生活中的男人，形形色色，每个人对待身边的人都渴望展现出自己最好的一面，但事实上他们真的有那么优秀吗？恐怕还真的未必，世界上最善于伪装的人是什么人，恐怕这个问题问出来，大多数的男人自己都会承认相比女人而言，男人恐怕天生就是伪装专家。明明自己对这事儿很不自信，还非要打肿脸充胖子的人大有人在。尽管很多男人常常最忌讳的一句带讽刺性的提问是："你看你有个男人样子吗？""你是不是男人啊？"每次听到类似的话也相当不开心，但是终归自己到了关键时刻还是会有犯怵的事。人们常常抱怨说，英雄不好当，智者也真的太难找，谁说男人就什么事儿都十拿九稳？但即便如此，在很多女人眼中，有自信有冲劲儿的男人才会是自己人生中的最佳选择。当他们用一种自信的微笑去面对一切成功与失败的时候，女人多少会因为他有那么点男子汉气概而怦然心动。其实在女人眼中，长相是跟在自己身边的小面子，真正的面子还是在于她选对了人，等到这个男人真的从最低点崛起的时候，她至少还可以骄傲地说："我看中的男人没有错，当时我就知道他迟早是要做大事儿的。"

在当代女性眼中，有自信心的男子最有魅力，作为女子，谁不希望自己能与一个顶天立地的男子汉共同生活，哪一个不希望自己的终身伴侣是一个坚毅、刚强，不畏任何艰难困苦，敢于面对挑战，不断追求进取的强者？谁又愿意与一个怕苦怕累，对生活毫无信心，悲观失望，浑浑噩噩的男人相依为命？一位女大学生说道："只要一看他的眼睛，我就知道我是否应该爱他。"一位女医生也说："如果他的眼睛老是在转动，那说明他肯定缺乏自信心；如果他的眼睛不敢和我对视，那他就不配成为我的心上人。"那么什么样的男人才算真正的自信呢？作为女人我们有怎样快速地去伪存真，找到真正富有自信的男人呢？看看下面的几条特质希望能给大家一个参考：

第一，每天都能保持甜美的笑容。

没有信心的男人，经常眼神呆滞，愁眉苦脸，而雄心勃勃的人，则眼睛总是闪闪发亮满面春风。人的面部表情与人的内心体验是一致的。笑是快乐的表现。笑能使人产生信心和力量；笑能使人心情舒畅，精神振奋；笑能使人忘记忧愁，摆脱烦恼。学会笑，学会微笑，学会在受挫折时笑得出来，就会提高自信心。

第二，总是挺胸抬头站直身体。

站直身体是自信男人最重要的一大标志。如果你在平时生活中始终低头垂肩无精打采，那么挺胸站直肯定具有挑战性，但是必须克服困难。站直身体是在交流过程中展现自信的最重要方式。因此，假如看到男人在走路或站立时，双肩稍稍后拉胸部微挺，那么起码意味着他正在向自信道路上努力，或者已经成为了一个自信的男人。

第三，走路无惧无畏，大步流星。

自信男人的步态绝不会被描述成"疾步乱窜"、"缓缓爬行"、"偷偷摸摸"或"鬼鬼祟祟"。步态与自信关联密切。通常走路大步流星是自信的表现。因此，当一个男人走路时步子较大且行得很正很直，作为女人而言，就根本不用怀疑他做事的果断性。假如这个时候他的步调在大步中并不急切很平稳，那么说明这个男人是个内心平静，处世不惊自信的人士。

第四，充满激情，握手有力。

在英语中，人们往往用"像握住了一条死鱼"来形容交际中出现有气无力的握手动作。见面介绍后，相互握手时软弱无力，表明缺乏自信。相反，握手有力则是自信的体现。如果初次见面，这个男人伸出来的手让你感到了一定的力度，那么说明此时此刻他除了热情以外还在彰显着一种毫不迟疑的自信。然而这种力度也是要恰如其分的，握手毕竟不是扳手腕比赛，假如对方握手力度实在太猛，那么只能有两个可能一个是他对你有了一种敌对性的挑战意识，而第二种则向你表明了他性格中的莽撞，想必那一个是个锋芒毕露脾气很急的人了。

女人为什么喜欢自信的男人？有一位学者曾调查过不少女性，让她们回答男性的魅力立表现在哪一方面，几乎所有的答案都是相同的——自信。男人如果没有自信心，就不可能坚强、勇敢、大胆、无畏、积极地追求生活目标和美好未来，也就不可能形成男人特有的风度——男子汉风度。

其实，女人的天性中有被征服的愿望，这尤其在漂亮和能干的女性身上容易看到。男人的霸气和强势不是指野蛮式的霸道，是指他的自信和包容。自信满满是一种体现；包容，如港湾，相信女人无论航海到哪儿总是要归回，也是一种体现。

圣经上说男人是女人的头，女人对男人要顺服。女人天生心底的不安，遇着自信霸气的男人，便会找着方向，放弃自己的方向，会紧跟着男人，乖乖地让他领导着。这大概就是小鸟依人的来源吧。

幸福而笑：
——温馨笑容，代表他是个顾家的男人

有人说，男人对妻子的选择，代表了他的品位。他选择了什么样的女人，可能意味着他选择了什么样的生活。有些女人让男人焦头烂额，有些女人让男人感觉温馨幸福，所以说，好男人身后一定有个好妻子，幸福男人一定有一个让他幸福的好女人，反之亦然。

一个笑话是这么说的："一个男人变为一个好丈夫，也许只需要做好三件事：挣到足够给老婆买漂亮裙子的钱；陪着她去商场买；微

笑着对她说'你穿着这裙子真好看'。"幸福和快乐,有时候就是这么简单。

西方民间流传着这样一个故事:上帝一次来到人间,此行为了来满足少女的梦想。一位少女说,我想当皇后;第二位说,我想做最美的女人;第三位说,我想做我心爱男人的最好的妻子。上帝给了头一位少女一个王后的后冠,给了第二位少女很多珠宝和衣服,给第三位少女与爱人相遇的姻缘。三个少女都欢天喜地地准备离去,上帝说,"稍等,我的东西都是成双成对地赠送的"。于是,他又给了第一位少女一把两头是尖的匕首,意味着权力是一把双刃剑,稍有不慎就会同时刺伤自己;给了第二位少女装满疾病的魔瓶,说明美貌难以久存;上帝跟第三位少女说:"姻缘没有什么合适搭配,就给你两万个幸福的日子吧!"

幸福是一种感觉,对很多男人来说,事业有成,给家庭一种安全感,同时能够娶到一位善良而又理解他的好妻子,就是最幸福而幸运的一件事。

什么样的女人可以叫作好妻子,值得男人一生珍爱呢?作为妻子,了解男人心目中的好妻子是什么样的,并尽力扮演好自己的角色,夫妻双方的感情就能步入良性循环,才能甘苦与共、相濡以沫、白头偕老,才能体会心有灵犀的那种感受。

一位76岁的老人,中欧国际工商学院院长刘吉,用他的经历谈到他心目中的好妻子。在五十年代的整风运动中,他跟同一个单位的另外两个人一起被打成右派分子。除了他之外,另外两个人都自杀了。一个人是因为孤身一人,生无依恋;另一个人的家属总是抱怨,他因为无法得到家人的体谅和支持,备感世态炎凉,于是上吊自杀了。刘吉的妻子却做了一个好妻子应该做的，她对他说了一句话，鼓励他坚强地活了下来，她说的是"无论他们怎么说，在我心里，你都是一个好人"。这句话让他内心充满了无限爱意、温暖与幸福，让他能够勇敢地面对苦难的人生。

有这样一句话："破落的男人请离开爱情。因为他们无法承担起应负的责任。"一个男人如果能够担得起自己应负的责任，能够做好自己的工作，尽一份对工作的职责；让自己年迈的父母过上安稳的日子；让自己的子女健康快乐地成长；跟妻子厮守终生，他就是幸福的。男人的幸福说难也难，说简单也很简单！

男人婚姻的成功，是他最大的成功；家庭的幸福，是他最大的幸福。一个幸福的男人，才能给家人更多幸福的感受。

什么样的男人能给女人幸福呢？

一、懂得感恩的男人

这种男人中很多之前家境比较贫困，对身边的妻子很珍惜，对帮助过自己的人也总是心存感恩，念念不忘。他们在外人面前时常将妻子挂在嘴边，对妻子也总是提起曾经帮助过自己的朋友。

对于患难与共的妻子，这样的男人即使成功后受到很多人的追逐，她在他心目中的地位也无人可以代替。

二、找到一个自己最喜欢的女人做妻子的男人

有些女人不知道为什么自己深爱他，男人却不珍惜。

其实男人跟女人渴望找到一个白马王子一样，也渴望找到自己钟爱的女人。所以，女人与其选择一个自己爱的男人，还不如选择一个爱自己的男人。这样男人就会很珍惜女人。否则男人如果找到的不是自己喜欢的女人，在他们遇到自己喜欢的人时，就很容易出轨。

三、怀旧的男人

有些男人对旧东西很在意，打理得井井有条，非常珍惜。对老朋友也非常好，经常约来三五老友一起聚聚。怀旧的男人对旧物旧友如此，对自己相濡以沫的妻子就更加珍惜。如果一个女人找到一个这样的丈夫，真是一辈子的幸福。正如歌里唱的，"直到我们老得哪儿也去不了，你还依然把我当成手心里的宝。"

四、事业心很强的男人

这种男人爱事业胜于一切，他们用生命追求自己的梦想。他们不会对美女投去带色的目光，眼里只有事业，没有女人。当然，这样的男人也许对自己的妻子也不是很多关注。

五、有特殊爱好的男人

很多出轨发生在业余时间，如果一个男人业余时间都用在自己的特殊爱好上，出轨的概率就相对很小，比如他们格外喜欢下棋、钓鱼、打球，就没有太多时间去做别的，还可以教教妻子，既会让他们有一种满足感，也能因此增强夫妻感情。

如果夫妻俩的爱好相同，可以相互探讨，共同实践，对婚姻的稳固就更有益处。

六、需要妻子智慧的男人

女人在三十岁之前的心智要超过男人，所以如果在这段时间之前，女人如果能够对丈夫加以影响，让他习惯于随着女人的思维去工作和生活，以后就会习惯成自然地长此以往下去。男人不会因此觉得没有自尊，女人也不要逼着男人改变。这种男人是很好的执行者。

对于一个女人，每个人的婚姻幸福是自己选择、自己经营的。如果我们都能从开始就用独到的眼光来看待我们的爱人，看到对方的优点和我们与对方之间的共同点，在婚后不断经营双方的感情，幸福就不是一件难事。

爽朗而笑：
——笑声爽朗热情幽默，亲近有度若即若离

热情爽朗是一种引人入胜的个性特征，让人感觉这样的他们自信乐观，积极进取，浑身上下充满了活力和迷人的气息，尤其是这样的男人，浑身上下充满了朝气，他们的笑容充满阳光般的热情温暖，身处他们周围的人们也都很容易被他们的热情爽朗和幽默所感染、所打动，让人不由得想跟他们亲近，更多地感受他们热情迷人的气息。

假如你有时间查阅多方资料，就会看到有西安、沈阳、青岛、哈尔滨、重庆、阿坝、潮汕、合肥等大地方、小地方的男人，被冠以豪爽的头衔。而被称之为最受喜爱的意大利、美国、俄罗斯、巴西、希腊等几国的男人，所共有的优点，也都首推开朗热情。可见爽朗，在男人的个性中是多么被公认的一种优点。

这样的男人在现实生活中我们也随处可见，比如在社交场所，我们可以看到一些坐姿放松，两脚张开的男人。但他们又仿佛有些让人难以弄懂的东西：在公共场所，他们活力四射，热情爽朗，无论周围的人熟悉或陌生，他们都能谈笑风生、妙语连珠，让周围的人们都被

吸引；但有时候，我们也会留意到，同一个男人，一个人独处的时候，却显得有些忧郁，事实上，这是他们生性敏感的表现。如果我们能够读懂他们的内心，也许就更容易激发他们身上积极热情的活力，让他们展现出男人卓尔不群的健康爽朗的一面。犹如品尝一杯醇厚绵长的美酒，滋味尽在其中。

爽朗热情的男人往往天生幽默，他们达观、机敏、风趣，懂生活、爱女人，喜欢社交，往往被朋友和所有的女人喜欢和拥戴。他们仿佛每天都充满快乐，让人看起来似乎不知忧愁为何物，总能在人群中创造一个轻松快乐的氛围，有他们在的地方就有一片笑声，他们身边有无数的朋友，无论同性异性，都喜欢他们身上的活力和热情。

他们珍惜友情，不在意在朋友身上花费钱财，甚至不惜为朋友两肋插刀。

但他们的弱点也很明显，他们往往天性敏感，容易喜欢别人，也容易被人所伤，甚至对方无意或者不知情的情况下。他们中的很多人，对于经济开支没有计划，因为结交朋友，轻视钱财，他们可能会为了帮朋友而把自己的钱财倾囊而出，让自己囊空如洗，不管自己的日子明天怎么过。

有时候，他们显得重义气胜过看重老婆，朋友一个电话可能会让他们急忙而去，宁可不回家也要陪朋友，除了自己的女人，其他什么都愿意跟朋友分享。

而且性情爽朗的男人也大多喜欢冒险，如果有机会去什么南北极或者慕士塔格峰、珠穆朗玛峰，他们可能背起背包就奔向那儿，不会太顾及身边的女人为他们担惊受怕。

无论一个女性是什么样的年龄或性格，无论她们涉世未深、初入情网，还是成熟稳健、风韵迷人，几乎所有的女人都容易被个性爽朗幽默的男人所吸引，都喜欢幽默风趣的男人。而爽朗幽默的男人，喜欢的往往是略带豪气、有运动感的活泼女性，如果你希望自己能够成为他眼里的 No.1，就得想想自己是不是这种类型的，能否成为他追求的目标。

爽朗幽默的男人也往往更自我，他们如果有朝一日发现自己的老婆什么都不会做，他们也不后悔，因为那是他自己的选择。

而他们也更在意感情基础，所以比较喜欢在跟他一起成长的人中选择自己的妻子，如果你是他的同学或者儿时的玩伴，就更容易成为他心仪的女人。所以，如果你想找这样一个男人做丈夫，尽可能在你小时候的同学里去寻找，有没有这样个性的男人。

个性开朗幽默的男人由于有广泛的人脉和圈子，容易在事业上获得成功，尤其在商界。绝大多数成功的企业家或者商人都性情开朗，为人豪爽，做事利落，绝不会拖泥带水。

当然，如果你是女人，你有一个这样的男朋友或者老公，你还必须有足够的忍耐力和宽容心，能够容得他身边无数的男男女女的朋友，以及他不惜为朋友舍弃很多的习性。必要的时候要帮他计划生活，看紧他的钱包，但也不能过分，让他无所适从，而无法忍耐你的小气。

豪爽是男人的天性，即使有些女人也会比较爽朗。而豪爽的"豪"，原本就应该属于男人，这是一个很雄性化的字，代表了不会斤斤计较，不会小鸡肚肠，不会唧唧歪歪。性情豪爽的男人往往身材五官都是大一号的，就连影视剧作中的性情豪爽的男人，也大都是浓眉大眼、身材魁梧、豪气干天的，尽管有些脸谱化，但也是现实的写照。

既然无论什么个性的女性都喜欢爽朗、热情、幽默的男人，如果你想做这样的男人身边的女人，还得更留意许多，防止他们的热情被你不当的行为秒杀，给他们一个最好的自己。

一、粗糙浮躁

细腻温婉是女人的天性，细节的周到和精致体现了女人的妩媚，最能抓住男人的注意力。而浮躁和粗糙的细节，会毁了女人的魅力和亲和力，破坏了男人对你的热情，让你之前所做的一切前功尽弃，而且再想获得他的好感就非常困难。

越优秀的男人就会越留意细节，而女人在细节方面的各种好或者不好的表现，都会令男人记忆深刻。让男人过目不忘的女性，都是细节上做得让男人铭刻于心的女人，所以如果你想得到爽朗热情的男人的心，就必须更加注重细节，打造优雅的魅力。

二、浅薄无知

有些女人过于情感浅薄，没有自信，缺乏安全感，自以为是地高估了自己的能力，对男人予取予求，男人稍有疏离，就会认为对方不爱自己；而听到一些甜言蜜语，就会以为找到了真爱，马上飞蛾扑火般地扑上去。这样的情形下，可能会让女人被这种浅薄无知错失了深刻的情感和真正内心热情似火的好男人。

三、刻薄矫情

有些女人过于矫情，对人尖酸刻薄，挑剔万分，也如同某些男人的热衷吹嘘，在现实生活中随处可见。女人的挑剔和矫情，很可能会导致自己高不成低不就，造成自己不幸福不快乐。而这样的毛病又是男人无法容忍的，会分分钟秒杀他的热情，让他对你没有了兴趣。

四、不明所以

年轻的我们未必知道自己想要什么，对感情的追求也很片面，或者执迷不悟，或者踟蹰不前。但如果我们一直不知道自己到底想要什么，摆不正自己的位置，盲目地想要改造男人，就很有可能让男人对你的热情一落千丈，让自己错失了幸福的道路。

五、争强好胜

争强好胜是男人的天性，尤其是性格爽朗的男人，更具有男人气概，所以也就更加不喜欢在他们面前这样做的女人，这样也就只能得到一些"小男人"的依附。聪明的女人会用自己的办法，"哄"得大丈夫们甘心情愿为自己挥汗如雨，而那些自以为是的"女强人"还在跟男人争勇斗狠、一较高下。与其如此，不如放聪明些，在情感上从容进退，让男人去拼杀。

六、不懂自省

有些女人已经在现实中处处碰壁，却只会自怨自艾，骂男人都是混蛋，却不懂得自省，不从自己身上找原因，弄得自己内心灰暗一片，又怎么能指望一个好男人钟爱你！只有懂得自省，充分了解自己的优点缺点，才能更好地进步，无论那时候身边有没有一个优秀的男人，你都会发出灿烂的光芒。

找到跟你喜欢的男人共同的兴趣，在他面前尽情释放你的魅力，让他感觉到你身上淡淡的香气，对他绽放你最自然美好的微笑，适当地露出小女人的依恋感，让周围的人们都觉得你们般配，终有一天，一个豪爽大气、幽默开朗的男人，就会终日相伴在你的身边。

自嘲而笑：
——善于嘲笑自己的人，未必真的是自卑的那一个

　　自嘲，是指自我嘲笑，跟挖苦讽刺别人不同，自嘲的对象是自己。自嘲被称为幽默的最高境界，需要有勇气面对自己的弱势或者缺点，能够说得恰如其分，既需要足够的自信，也需要足够的智慧。所以，自嘲的男人不是真正自卑的人。一个能够自嘲的男人，是有大智慧的人。

　　幽默被认为是一种高级的语言艺术，只有聪明人才能驾驭得了。而自嘲，是幽默中独辟蹊径的一种，被认为是幽默的最高境界，需要对自己的弱点、缺点、不足甚至缺陷不遮掩、不躲避，反而放大、夸张、引申发挥，然后以此来挖苦、嘲讽自己，没有足够的乐观、豁达和自信就无法做到，可见能够这样做的人，是智者中的智者了。

　　自嘲的男人，用幽默来打破僵局，因为善于随机应变，快速的反应和强烈的表现欲，容易引起他人的注意，成为被人关注的对象。

　　古往今来，很多著名的文人墨客，都是自嘲的好手。鲁迅就曾经做过一首有名的七律《自嘲》，"横眉冷对千夫指，俯首甘为孺子牛"，"躲进小楼成一统，管他冬夏与春秋"，他在诗中幽默地嘲弄自己的命运、遭遇和处境。

孔夫子也是善于自嘲的高人之一。有一天他在游学时，在郑国跟他的弟子走散。他的一个弟子问农人，是否看见了他的老师。那个农人看不起读书人，认为百无一用是书生，就跟孔子的弟子说："我看见那边有个人，像个丧家之犬一样的，不知道是不是你老师。"

孔子的弟子找到了老师，就把这话告诉了孔子。孔子自嘲地说："我就是像个丧家犬一样啊！"

想想当时的孔子，在各国都不被人重视，他的政治主张无人愿意采纳，到处碰壁，尴尬、沮丧而狼狈，可不是像丧家之犬吗？可见，自嘲的基础是具有自知之明。

由此可见，善于自嘲的男人，他们将豁达乐观的人生态度，蕴含于幽默中。他们能够超脱于自身的不足和缺点而不是为此斤斤计较、愁眉不展。这就需要足够的勇气，自我批评，自我反省，在他人眼里心胸宽阔，反而不会再去嘲笑他们的缺点，而对他们心生敬意，也就更容易建立更好的人际关系。

生活中，自嘲幽默的重要原则之一，就是宁可取笑自己，也绝不能轻易取笑其他人。所以，我们常常听到说相声的，挖苦的总是自己家的什么人。而自嘲，取笑的对象直接就是自己，所以是一种自知和自娱自乐的高级幽默。

然而作为一个成功的男人，即便是自嘲，也是存续着一定的技术含量的。想要恰如其分，也是很不容易的一件事。诗人北岛曾经说过，依他看，没有多少中国文人懂得自嘲，故非重即轻。说得太轻，无关痛痒；说得太重，又有些糟践自己了。比如有的墓志铭，上面都充满了自嘲，很有意思。著名戏剧家翁偶虹的自嘲就很恰当，"宁俯首于花鸟，不折腰于缙绅。"

在女人眼中，会自嘲的男人是聪明的，因为他们非常知道怎么扫清尴尬，又不失于自己的身份，在女人的眼中男人自嘲的最佳效果是，"我都自己把自己给作践完了，你还说个什么劲儿啊？"因此在自嘲而笑的男人眼中，幽默是自己的一道有力武器，让人轻松，自己又不尴尬，才是一种最为高明的境界。小说家贾平凹谢顶，他总结了秃顶的一堆好处，什么省洗发水、知冷知热、有虱子一眼就能看到、像佛一样慈悲为怀、随时上战场不用剃头，最有意思的就是"没小辫可捉"，可谓一语双关、"聪明绝顶"！谁又能说这个男人有半点自卑的感触呢？

由此看来，聪明的女人一看便知，会自嘲的男人，绝对是智慧力超群，可以把幽默运用得如此得法，又怎么可能是什么自卑之人呢？

客套而笑：
——不近不远，亲疏观念心中已成定式

客套是一个专有名词，指的是用以表示客气的套话、应酬的客气话，这是一种约定俗成的、被人们普遍接受又没有好感而且无法当真的套话。客套也可以做动词，指的就是说客套话这件事。许多人就喜欢客套，该不该客套的时候，大家都在客套，以至于弄得真真假假、虚虚实实。事实上，客套已经固定了双方彼此的关系，注定不会太亲

近，也不会遥不可及。而过于客套的男人，就仿佛一个戴着面具生活的人，这样的男人又怎么能够给女人以可以信任的信赖感？

在不同的语种，不同的语境下，都有着各种成型配套的客套话，生人之间说，熟人之间也说（熟人之间就让人感觉生分或者虚假了，但还是会说）。一旦你不"照章办事"，估计会把对方给弄傻了。比如寒暄的时候，不说客套话，好像很怕冷场，说呢，又有些让人觉得敷衍了事。

对于有些人来说，说客套话就像做善事的感觉，不一定是真想为了别人如何，而是自我感觉良好，好像表明彼此都很善解人意，一方说着虚假的情谊，另一方也以虚假来回应，双方都不当真，开始就没有打算实践，但两个人似乎都很热情亲切一样。

客套在两个陌生人之间，是一种润滑剂，让彼此都感觉那么一点点看上去的尊重和热络；而在两个熟悉的人之间，先说客套话的那个人，是在有意识地将两个人的距离拉远，无论另外一个人怎么回应，都无法改变存在于两人之间客套的隔膜，其实是件令被动的一方难过的事情。

看到一本书的一个章节，叫作"笑容雷同，纯属客套"。简简单单的一句话道出了客套二字的真实含义，客套的笑容事实上是不带任何感情的，不让人厌恶，也无法让人有动心的感觉。如果一个男人，真的喜欢客套，可能他的内心是最难接近的。

在两性之间，客套有些时候是种难以判断的东西。虚伪、懦弱、胆小……都可能显示为客套。有些人比较虚伪，用客套话来套你的话，设法了解你的内心，达到他们自己的目的。有些人内心比较怯懦，保持距离会让他有比较安心的感觉，客套也许只是他自我保护的一种方式。

如果一个女人,你喜欢的男人跟你看起来很客气,怎么区分他的话仅仅是客套,还是认真的呢?真正的情分来之不易,两个人的互动决定了彼此关系的加分和减分,留意一些细节,可能就会发现真相,同时展示最好的自己。因此,下面的一些举措是我们必须要采取的行动。

一、真诚待人

当你还不能判断对方的态度时,如果你对对方有好感,你的真诚可能更表明了你的真心,容易让对方感动。

二、不要过度刻意讨好对方

有人曾经说过,社交场初次见面,微笑的尺度,应该保持在"蒙娜丽莎的微笑"和照相时说"茄子"之间。男女之间的交往也是同样。过度的刻意让人觉得虚伪或者别有用心,如果对方没有同样的感觉,就会厌倦你的过度热情。周围的人也都看得一清二楚,心知肚明。

每天打电话殷勤问候,不一定让人感觉你的诚意,反而让人感觉有一种压迫感。

情感交往以真诚为基础,让对方能够感觉到"你把我放在了心上"就足够了,如果他也有心,自然会有你希望的反应。

三、不随意承诺

真正的感情不是赌博,必须认真经营。而且如果对方没有同样的共鸣,你就可能付出而得不到回报。你必须有足够的心理准备,充分给自己设定好底线,能够承担牺牲的风险,才能经营好细水长流的感情。

四、客套话能不能当真

当对方说:"有空一起吃饭吧!"你无法判断对方是客套,还是真心想要深交，内心可能感到烦恼。

这种情形下，你不如主动出击，过几天主动试探一下对方"上次不是说我们一起吃饭吗？"如果对方只是轻描淡写地说："哦，对啊，我有事，改天再约吧！"而接下来没有主动的安排，那他的话就是一句例行公事的客套话，不必放在心上，让自己受伤。除非你坚定了决心，哪怕受伤也要争取，那就拿出开发大客户的那种劲头来，努力去攻坚吧。

五、让对方有所亏欠

中国人说"礼尚往来"，男女之间亦如此。如果你为他做了什么，不要要求对方马上回报你。如果在对方心理上觉得还欠你点什么，他也就会时常想着你的好处，对双方的感情也许会有帮助。

六、不要为了感情而说谎

有人为了加深感情，觉得说谎可能有帮助。比如你原本不喜欢宠物，你喜欢他，他喜欢宠物，你就对他说你也喜欢宠物。但当你跟另一个朋友在一起，而他是不喜欢动物的，你就直言不讳地说，我也不喜欢。但这个世界原本很小，如果有一天，这两个人坐在一起，他们彼此谈起你，然后发现你跟他们说的是完全不同的话，两个人就会都觉得你说了谎话。虽然只是小事，但却让人觉得你为人不真诚，怎么可能建立良好的感情？

总而言之，客套的男人，对于女人的慧眼绝对是个考验，我们必须搞清楚他们的内心世界，尽管有时候很是热情，但热情表象下的内心或许真的并不是我们想象中的那么直白了。

阴损而笑:

——笑中略带轻蔑,便离得逞只差一步

阴损,狠毒刻薄。有着阴损笑容的人,内心也一定不会充满阳光。这种人往往喜欢暗中做事,甚至扭曲是非,背后害人。男人,纯阳之物,原本应该阳光、阳刚,如果你看到一个男人,脸上露出阴险、狡诈、刻薄、狠毒的笑容,只怕他很可能有什么阴谋就要得逞了,对这种人,还是敬而远之,趋吉避凶吧。

查阅百度百科有关"阴损"一词,居然就是"阴毒刻薄"几个字,没有了其他内容的洋洋洒洒。但纵观几千年的中国文明史和如今的现实社会,阴损的人还是存在于我们的视野。

某些人的骨子里,总有一些几千年封建文化和惶恐苟活的哲学的影响,习惯于暗中做事,文人谓之"阴为",百姓称为"阴损",跟人打交道的时候都要先盘算好了自己的阴谋,千奇百怪,层出不穷,而且往往打着各种各样的旗号,用谋略、韬略、智慧、文化等冠冕堂皇的概念来掩饰。

善于玩阴损招数的人,自私自利、见利忘义,为了自己的利益,不惜损害他人,什么阴损的招数都可以使出来。他们活得有滋有味,以损人利己作为人生至上的享受。

刘妙是一位年近四十的单身女子，独自在深圳工作。一天，她坐车回家乡探亲。

一个看起来精明强干而面目和善的男人走到刘妙的旁边，指着她身边的座位问她："我可以坐在这里吗？"刘妙点点头。他自我介绍说："我是华强律师事务所的合伙律师，我叫王强"，刘妙未置可否地笑笑。

忽然，那个男士转过身来，说："没想到我们又碰到了！"

看着刘妙不解的眼神，男人说："你忘记了，上次在越南，我们在同一个旅行团！"

刘妙说："我没有去过越南啊！"

那个男人说："不不，我不会记错的，就是你！我们几个男人，都觉得你在我们那个团里，是最美的女人，都差点为了你打起来呢！"

刘妙一直想去越南，她看过朋友去过拍回来的照片，那儿号称"海上桂林"，很美。但工作繁忙，她始终没有顾上去。

男人接着说："你当时穿的是一件像蓝天那样的蓝色泳衣，又性感又雅致，上面还有淡黄色的小花，是绒绣的那种，特别别致，我不会记错的。"

刘妙的确喜欢天蓝色和绒绣的小花，她此刻就穿着一件天蓝色的衬衣，领口处有不显眼的淡黄色绒绣小花，的确很雅致的那种。

男人又说："当时船上的海鲜可真便宜啊，又新鲜，看你吃牡蛎的样子，特别优雅，弄得我都差点忘记吃东西，只顾看你了。"

刘妙几乎认为这个男人说的那个女人就是自己了，他们热烈地交谈着，刘妙还纠正着男人的某些错误。两个人兴高采烈，刘妙被男人逗得笑个不停。

几个小时过去,车行至湖南某处,男人要下车了,两人留了联系方式。刘妙目送男人走出出站口,没有人会怀疑几个小时前他们还素不相识。

等到回到座位,刘妙吃惊地发现,自己的小包空空如也,里面的几千块钱都无影无踪了。她赶忙报了警,乘警拿来一个相册,告诉她说:"这里是经常在我们这趟车上行窃和诈骗的人的照片,你看看有没有。"

刘妙翻着相册,忽然发现其中一个人,怎么那么像刚才下车的王先生呢?

这个故事说明,故事里的骗子利用攻心术,把子虚乌有的越南之行描绘得煞有介事,攻破了刘妙的内心,使她放松了对陌生人的警惕。

很多时候,内心阴暗的人,不一定是陌生人,也许就是我们熟悉的某个人,甚至是我们中意的某个人。社会百态,人生复杂,我们不能让自己变成奸诈的小人,但也要有善于识别他人的方法,善于洞悉周围人们的心理,对于奸诈阴险的小人善于识别和闪躲,就能让我们自己免受其害。

我们从小所受的教育,有一条至关重要"待人以诚"。但俗话说,害人之心不可有,防人之心不可无。有些人,诚信对人,被小人欺骗以后,觉得不该对人诚恳,能蒙骗过去就行。但在周围人看来,他们是不可信的,又损害了自己的形象。

小人做人阴险,常常用不良手段达到自己的目的,他们造谣生事、挑拨离间、阿谀奉承、见风使舵、落井下石。而我们不能太诚恳,也不能骗人,该怎么办呢?就需要有足够的智慧,有一颗诚恳待人的心,同时学会察言观色,防备身边的小人。

对女人来说，情感世界，是很多人最重要的生活甚至生命的一部分。如何区分身边人是不是值得信任，就更为重要。专家给出了以下建议，如果你身边的男人，有过这样的恶习，就该远离他们了，以免婚后外遇，承受被抛弃之苦。

1. 有过出轨记录

如果他同时跟数位女性交往，似乎谁都割舍不了；或者明明有女友，又爱上别人，这种人不能托付终身。

2. 自卑感过重

他们非常害怕挫折，经受不住打击，看起来谦卑恭顺，其实常常是以自己的软弱来博取女人或者女强人的同情、怜悯之心和爱意。一旦达到目的，可能就会又有向上爬的欲望。

3. 喜欢吹嘘异性交往史，做出不雅动作

津津乐道他们跟女性交往的经历，言语轻薄、下流，时常会做出一些不雅的小动作，这种男人根本就不是一个做丈夫的材料，他们没有爱，只有欲望。

4. 生性叛逆

他们随口说脏话，即使因为家境良好而外表文雅，但天生叛逆之心，反传统、反道德、反社会，没有感恩之心。

5. 家庭背景、社会关系复杂

家庭内部的关系复杂，或者父亲风流史不断，或者身边的朋友有各种恶习，这样的男人难免受影响。

6. 猜疑心重

他强烈的忌妒心让他对你的一切总是做最坏的假设，可能会攻击你的性格、外貌等来贬低你，内心阴暗，容易让他向更坏的方向发展。

7. 他的父母反对你们交往

长辈的反对有他们的理由，也许是他们天生挑剔。但如果你解决不了跟他父母的问题，婚后更难应付。他婚后也许跟父母一起欺负你。

8. 不敢承诺

如果你跟他谈到订婚、结婚或者想认识他的家人朋友时，他总是顾左右而言他，闪烁其词，说明这个人要么不是把你当作他最爱的人，还在寻找他认为更合适的人选，就是这个人内心有太多不可告人的东西。

9. 有过吸毒史

有过吸毒史的男人，挫折感较重，他们无法面对真实的人生，会变得越来越没有责任感、没有感情，会有很多的异常性行为，你无法理解，无法约束。

10. 酗酒成瘾

偶尔喝点酒不是大事，但有人一遇到问题就借酒浇愁，不能积极解决，酗酒成瘾，甚至酒后无德，做出各种暴虐的恶行，躲开为妙。

11. 经常挑剔你的缺点

总是喜欢把你说得一无是处，让你有很大压力，让你觉得自己配不上他，或者总是用一副怪异的眼神看着你，让你感受到他的蔑视，好像你做错了什么或者有什么对不起他，这样的男人早晚会让你崩溃。否则他会不断找到别人来把你比下去，或者你最终自己都看不起自己。

12. 贫贱夫妻百事哀

为了获得你或者你的家庭的资助，他跟你在一起。但当这种你帮助他的能力消失时，他的热情就会不复存在。他不会跟你一起过贫穷的日子，不会为了爱而选择你。即使你帮过他，他也不会为了你的付出，而牺牲他自己的荣华富贵。一旦有其他"高枝"可以帮助他向上爬，他一定会选择抛弃你。他要的是上流社会的身份、地位和享受。

13. 他讨厌接近你

当他靠近你身边，就露出一副无可奈何、无趣甚至有些厌恶的表情，可能是你太迁就，也可能是他天生心不善，他根本没有把你放在眼里。

狂躁而笑：

——仰天狂笑，看似霸气却踏上了伤感极端之路

通常情况下，男人看起来情绪高昂，兴高采烈，笑容满面，无忧无虑，好像没有什么让他们忧愁、为难的事，似乎比很多人都要心情愉快很多。而且他们信心满满，总觉得自己能够做成别人无法企及的伟大事业，常常为自己的宏图大业开心不已，高声大笑。这样的笑容代表了内心的快乐，能够给我们幸福吗？不！也许一点小事，就会让他们勃然大怒或者失声痛哭。他们是身患躁狂症的人，而且常常呈双向的表现，兼有抑郁症。这样的男人，无法给女人一个幸福快乐的家，一份稳定的感情。

张伟平时总是看起来乐呵呵的，别人都觉得他无忧无虑，是个天

生的乐天派。大家总看到他在跟不同的人聊天，手舞足蹈、眉飞色舞、心情愉快，好像一切顺心、事事如意。而且他总有很多的想法，似乎不久后的某一天，他所预想的事情就都能变为现实。他想办一个大农场、种很多鲜花、很多绿色蔬菜，桃红李白，满园春色，香气馥郁；他想办一个游乐场，让孩子们都可以兴高采烈地玩，让成年人也能像孩子一样开心无比……一会儿听到他正在找合作伙伴，一会儿听到他正在找风险投资，但都是有开头没结尾，大家也都听得习以为常。觉得他就像一个没长大的孩子，内心没有愁事，只有梦想。

张伟找了一个可爱的女朋友，家里人也都挺为他高兴的，但没过多久，张伟的女朋友忽然离开了，也没有解释。张伟有几天看起来情绪低沉，不怎么说话。但过了那几天，张伟就跟什么也没有发生一样，又是整天像个开心果似的了。

一天傍晚，张伟带着他家的哈士奇狗欢欢从外面遛弯儿回来，邻居张大妈的孙子小江来看奶奶，骑来的自行车怕丢，就搁在楼梯边上。张伟看到自行车在楼梯上，就高声喊："谁家的自行车？怎么不搁车棚，放这儿多碍事啊！"

小江听到喊叫声，就开门出来，说："张大哥，是我的车。我等会儿就走了，不碍谁的事的。"两边家里的人都出来了，都说："没什么事，回家吧。"没想到，张伟勃然大怒，说："怎么不碍事啊?！我现在就看着它碍事！放这儿我给你扔下去！"年少气盛的小江也被激怒了，说："你敢！你给我扔一个试试看?！"没想到，张伟抓起自行车，就朝下面一个平台扔下去，自行车给摔得七零八落的。

大家看着情形不对，赶紧七手八脚把张伟送进了医院，大夫说，张伟这是典型的躁狂症，兼有抑郁症。早期不明显，以后可能会越来越严重。

看到这个故事，我们有必要了解一下躁狂症。

躁狂症是精神疾病的一种，症状主要为三高：情绪高涨、思维高速、意志活动高强。

通常情况下，在没有发病之前，他们给人的感觉是整天心情快乐、兴高采烈、无忧无虑、笑容满面，仿佛没有什么让他们感觉为难或者不高兴的事。但他们的这种情绪有时候不稳定，容易被激惹，一点小事就会让他们突然大怒或者伤感不已，但过不了很长时间，他们又像什么都没有发生一样地谈笑风生。

他们往往思维敏捷、语言流畅、语速快、反应速度快、出口成章、滔滔不绝。他们自己觉得自己变得很聪明，仿佛周围人们也觉得如此，自我感觉良好。

他们精力充沛，整天忙碌，喜欢多管闲事，喜欢跟人交往，愿意参加各种活动，让人感觉百事忙。他们坚信自己是能够干大事的人，志向远大，对结局很乐观。但往往没有计划，风声大雨点小，虎头蛇尾，没有结果。

他们容易转移注意力，对什么都感兴趣，对什么都长久不了，爱夸夸其谈，好大喜功，喜欢挥霍，容易冲动，行为轻率。性欲强烈，容易有异常性行为。

躁狂症很少单纯发生，大多伴有抑郁症，单纯发作的极为少见，所以按照精神病国际分类法，将其列为双向障碍的一种。

这种病大多在 45 岁一起发作，而且第一次发病往往在年轻的时候，发病比较急。遗传因素有一定影响，失恋、失业等突然事件可能是诱因，但发病原因不是十分清楚。目前药物能够抑制发作的概率，但无法根治。但如果害怕药物的副作用而不治疗，疾病的伤害要远远大于药物的副作用。严重时患者可能患上人格障碍、焦虑障碍、药物依赖、酒精依赖、毒品依赖，甚至可能会发生自杀或杀人的恶性事件。

所以，如果家人不幸染上了躁狂抑郁症，我们必须给予他理解、支持、鼓励、尊重、接纳，帮助他积极治疗，防止病情反复发作，而不能歧视、排斥他，帮助他建立一个轻松的环境，避免跟他发生严重冲突，避免让他经受太多的精神刺激，避免让他时常处于高度紧张状态。

如果你是一个待字闺中的女人，如果你想找到一个心爱的人相伴终身，当你看到一个人狂躁的笑容，看到他狂躁之后极度伤感的表现，这样的人无法给你一生的幸福，还是尽量远离他吧！

泄愤而笑：
——总是站边儿上起哄说"该"的那一位

有些人平时看起来很不错，这些让人觉得聪明、乐观、幽默、人缘好的人，在某些别人遭遇不幸、需要帮助的时候，却表现出没有同情心、缺乏善意、幸灾乐祸、无情无义等让人不解的态度，令人齿冷。如果男人心胸狭隘，又怎么能够配得上"大男人"这样的称号？

当别人遇到困难，需要帮助的时候，大多数都会伸出援手，无私地帮助别人；即使是因为种种顾虑或者自身的困难，比如害怕帮助别人的时候让自己陷入困境，有些人不敢伸出援手，但也都会对别人的困境持有同情和怜悯之心。而偏偏有些人，会在别人遭遇困难或者不幸，迫切需要帮助的时候，不仅不帮助、不同情，反而像是得到了什么好处、占到了什么便宜一样地兴高采烈，站在一边说"活该啊！""应该啊！""该！"怎么会有这样毫无同情心的人呢?!这种人，其实是具有反社会人格障碍的一些人，他们缺乏自我认识，以自我为中心，缺乏对人、对社会的认同和忠诚。俗话中说的"没良心"就是这种人的写照。

　　幼儿园老师晓丽经人介绍，找了一个男朋友王鲁。王鲁家世良好，父亲是一个级别不低的政府高官，王鲁本人也在政府部门做公务员，待遇优厚，衣食无忧。而且王鲁看起来彬彬有礼，为人友善，不但很快得到了晓丽本人的认同，跟他确定了恋爱关系，晓丽的家人也很喜欢他。就连周围邻居都跟晓丽或晓丽的父母说"王鲁真不错，晓丽找到这么一个男朋友，可真是有福了"。有人甚至开玩笑地跟晓丽父母说："你们晓丽什么时候结婚啊？王鲁不错，赶紧让晓丽嫁了吧，省得夜长梦多，王鲁飞了！"晓丽的父母也笑笑，内心还真希望晓丽能够早日结婚，好让他们老两口了却一桩心事。所以晓丽跟王鲁的关系突飞猛进，眼见得就要谈婚论嫁了。

　　有一天，晓丽跟王鲁闲聊，说起他们单位的刘主任，突然生病，住院就发现是癌症晚期，而且已经转移了，医生说可能日子不多了。

　　"刘主任才刚刚四十多，孩子才上小学，多可怜啊。"晓丽话音刚落，就听王鲁冷笑一声，说："该！死就死吧，有什么可怜的！"。王鲁嘴角的一抹冷笑、眼神中流露出的那种恶毒，让晓丽害怕。

"刘主任跟你又没有仇，你怎么能那么说人家呢！"王鲁看晓丽那种惊恐的眼神，马上说："我跟你开玩笑呢，反正得病的也不是你跟我，也不是咱爸咱妈，管他呢！"

晓丽的内心没有觉得轻松，王鲁那个瞬间流露出的恶狠狠的神情让她觉得内心不安，他是不是精神病啊？正好晓丽一个很要好的中学同学的母亲是个著名的心理医学专家，她去请教了同学的妈妈，同学的妈妈告诉晓丽，王鲁的表现，是"反社会人格障碍"，不是精神病，属于情感和意志方面的障碍，是一种病理性人格，往往跟小时候的经历有关，跟遗传有关，也有些跟生理缺陷有关。

人格障碍是病态人格的一种，曾经被称为"无罪感"、"精神病态性人格卑劣"、"悖德症"、"道德低能"等，现代多以"反社会型人格障碍"来代表。他们共同的心理特征是：容易突然爆发不良情绪；行为冲动；对社会、对他人都抱有冷酷、仇视心理，缺乏好感和同情心、怜悯心；没有社会责任感，缺乏法律、社会道德意识；经常发生反社会言行；缺乏羞耻感、焦虑感和罪恶感；犯错后缺乏悔改之心，不认错，不能汲取教训。

这种人格缺陷是人格发育不健全导致的，是持久而顽固的，有些人可能有某种大脑病变，也有些人可能在幼年时期遭遇的事情导致他们对社会的仇视。因为人格障碍的他们自身认为自己是没有问题的，不能接受别人的批评、教育、帮助，往往一生都难以改变。

他们很少考虑长远利益，只期望达到短时的目的。他们不能对自己的不合理的行为做出合理解释，比如在不该撒谎的时候撒谎，对跟他们不相干的人也心存恶意。例如当他们偷东西时，问他们为什么，回答可能是"他们有钱，我没有，我需要钱"。

他们无法理解道德的价值，严重缺乏良心谴责，不会因为自己的不道德行为而感到罪恶感。他们经常利用身边的人，却不会觉得有所亏欠，甚至蔑视对方，在被对方指责时，反而会更愤怒地责骂对方，好像错误的不是自己，而是别人一样。

　　这种人往往看起来聪明、乐观、幽默，而且似乎他们很敏锐地观察到别人的需要和弱点，所以他们容易得到别人的好感，也善于说服别人。但由于他们的不负责任、以自我为中心、自私自利、缺乏同情心、感恩心和犯错后的悔意的表现，对别人的冷暖麻木不仁，他们难以跟别人建立真正良好的关系，他们也很难对自己的伴侣保持忠诚和责任心。

　　因为反社会人格的人，不像一般精神疾病患者有某种异常行为，往往看起来跟"正常人"毫无二致，通常也能正常地生活。所以他们自己不会去主动求助于医生或心理医生。即使犯罪之后，被迫接受到的心理治疗效果也不乐观，很多治疗方法对他们效果不明显，这是他们病态的人格特质所导致的。严重者，可能屡次犯同样的罪恶，而且不思悔改，甚至手段残忍。

　　这样的人，怎么适合一个善良的女人去爱他？如果你看到他们冷酷的眼神，听到他们恶毒的话语，赶紧逃走吧！不要再被他们良好的外表和花言巧语蒙骗了！

第二张 怒，

是剑拔弩张的英雄,还是糊糊涂涂的炮灰
——愤怒地动山摇,但也要看他气的有没有智慧

　　有些研究心理学的人士从心理学的专业角度认为，愤怒是一种自我防卫,目的是防卫恐惧,防卫被羞辱、被嘲笑、没面子这样一些自己恐惧的东西。愤怒鼓励人们把恐惧投射给他人,造成暴力、战争以及被暴力、战争伤害的心。仅仅为了个人私欲,锱铢必较,不惜跟人争一个脸红脖子粗,就实在是太没有意义的事。从这个角度来看,愤怒是负面的。但从另一个角度看,古人说"气血之怒不可有,理义之怒不可无",为正义和真理挺身而出,路见不平一声吼,也是男人生在这个世界上的职责所在。

公正而怒：

——不为私利，执着于真理的公正

有些心理学家认为，愤怒是一种有害、无用的情绪，人们应该用理解和爱去消解愤怒，然后削弱愤怒情绪的能量，使之消失或减弱。但当我们面对真理被歪曲、公正被践踏、正义被扭曲的时候，又怎么能听之任之，何妨冲冠一怒！具有正义感的男人，才是真豪杰，刚正不阿，顶天立地！

愤怒是一种原始的情绪，往往与敌对的思想、生理反应相关。作为动物，是与求生、争夺食物或配偶相关联的，当愿望不能实现或行动受挫时引起的一种紧张而不愉快的情绪，通常被认为是一种消极的感觉状态。

成语里也有怒发冲冠、怒气冲冲、怒不可遏、恼羞成怒、怒目横眉、迁怒于人、嬉笑怒骂、喜怒无常等跟怒有关的词。

据说 3 个月的婴儿就会表现出愤怒，在他们行动被限制、被约束，被强制做他们不想做的事的时候就会用哭等行为来表达愤怒。随着年龄的增长，当孩子的愿望不能得到满足，或者他们跟同伴发生争吵，也会引起愤怒。在成人身上，愤怒常常跟道德感有关，强度跟人的修养有关系,有轻微不满到大怒等几个阶段。

莎士比亚曾经说"正义的怒火一旦燃烧起来,最骄傲的阴谋者也逃不了他的斧头的严威"。古书《史典·愿体集》中有一句话"气血之怒不可有,理义之怒不可无",就是说人们不应该有为了个人恩怨等情感之事的愤怒,而为了真理正义的愤怒却绝不能没有。理义之怒事关道义、原则,事关国家大义,事关民族根本,我们就不能对此无动于衷,而需要奋臂高呼,挺身而起。

从古至今,像这样的不满世间的不平不公,为了民族大义和天下公理而怒的人,有很多流传千古的,其中唱主角的大多是富有阳刚之气的男人。三国时的张飞,不满贪官的贪赃枉法,于是把贪官"缚于树而鞭",替百姓出了一口恶气;抗金名将岳飞写下"怒发冲冠,凭栏处、潇潇雨歇"的诗篇,用生命实现了"待从头,收拾旧山河,朝天阙"的一腔豪情;近代的鲁迅写下很多闰土、阿 Q 这样的人物,"哀其不幸,怒其不争"……这样一些敢于发怒的人才是中华民族的脊梁,把中华文化一代代传承下来。

事关国家的大是大非,我们不能一味做好人,听之任之;面对身边百姓的人身财产遭受危害时,我们同样需要路见不平一声吼!为了民族大义、为了天下公理而怒,不但值得,而且应该!

一天,上海一辆公交车上,坐在最后一排的一位老年女乘客怀抱一个孩子,身边还有一个病入膏肓的儿子,而她拿着的手提包里有一万块钱,是孩子看病用的,却不幸被小偷偷走。这位女乘客发现自己的手提包的拉锁被打开,包里的一万块钱不见了,她心急如焚,大叫:"我的钱丢了,帮帮我啊!那是我孩子的救命钱啊,帮帮我!"她觉得身边一个年轻女子就是小偷,双手拼命抓住了她。女小偷的同伙已经从车前部走到他们的一排，趁人不备已经把钱转移了。

刚上车的见义勇为者王志见此情形，看着老年女乘客求助的目光，发现一个男人眼神不对，立即意识到他就是小偷，马上把他拽到一边，又让司机把车停在路边，关闭车门窗，又发动大家一起帮忙找钱。

在拽住小偷的过程中，王志发现他兜里有把刀，为了不让事态失控，避免小偷兜里的刀子伤害其他乘客和自己，王志尽量不惊动对方，说："你待在这里，你别激动啊，等警察来了再说。"车上的其他乘客被王志的行为所鼓舞，甚至以为王志就是便衣警察呢，也都一起帮忙抓小偷，又在车里四处寻找钱的下落。最终众人合力制伏了小偷，丢失的钱被发现藏在车座边的一个夹缝里，终于找回来了，丢钱的女乘客感激万分。

这个过程中，女小偷为了转移大家的视线，说她自己是孕妇，说王志伤害了自己，要去医院检查。但周围的乘客都主动说，他们愿意给王志做证，证明王志没有怎么样她。司机也说车上有监控视频头，他们车队里有全程的视频，小偷才不吭声了。

王志的妻子事后知道整件事后，埋怨了王志一通，说："多危险啊，你找死啊。"王志说："你没有在现场，在的话，你也会帮忙的。人家那是救命钱，你看着人家求助的目光，怎么能不帮呢？人民群众受到损害的时候，我们应该义不容辞地挺身而出。邪恶还是怕见阳光的！"

正如上面这个小故事里的主人公一样，如果你喜欢的人，为了国家的利益，为了人民群众的利益，为了匡扶正义，为了维护真理，在这样的大是大非面前，在必要的时刻，能够挺身而出，为了公正而怒吼,这样的人有原则,有正义感,有一副铁骨铮铮的脊梁,有一颗热血沸腾的心,这样的人,才是值得你投入感情去爱的人!

维权而怒:

——维护自己尊严,脊梁很直不容侵犯

有些时候,有些事情可能跟国计民生无关,但却跟个人的尊严和权益有关,比如在职场很多人都曾经经受的不良企业的欺诈和恶意损害。遇到这样的事情,是忍气吞声,还是为了自己的尊严,奋起抗争,是每一个职场人所需要考虑的。为了自己的权益而分庭抗争,这样的愤怒,是理直气壮的愤怒。有血性的男人,才能够无私无畏,成为女人最可依靠的支柱。

俗话说,人在江湖,身不由己。不管是什么样的男人,身居什么样的位置,都很难说会遇到什么,遭遇挫折、遭遇坎坷、遭遇困难和伤害,都在所难免。在职场打拼的人们,也往往会有一些相似的遭遇,合同欺诈、拖欠克扣薪资、不给职工参保、弱势群体被侵害、合同带有歧视性条款、企业转嫁纠纷等问题,很多人都有过此经历。

2011年,职场骚扰、职业病、裁员成为职场人士最为关注的热门词汇,被称作职场三大关键词。

刘宇不幸也遭遇了真中的一种。4月的一天,刘宇发现,他的门

禁卡刷不了公司大门的旋转门了，发往公司信箱的邮件一次次被退信。然后，他跟其他一些同事被请进一间办公室，单独一对一地跟公司的人力资源代表谈话，结论是：他们被裁员了。

刘宇是北京中关村无数个IT公司中无数年轻员工中的一员。刘宇在公司奋斗了三四年，已经坐到了公司运营副总监的位置，如果不是突如其来的变故，刘宇期望在两年内做到公司运营总监不成问题，想想自己三十多岁了，也打算在两年内结婚。在合同期限未满且企业经营状况正常的情况下，刘宇所在公司以"公司转型"为名，把全公司80%的人都给裁员了，其中包括刘宇。

当时很多人都觉得，公司要转型，而且裁员这么多，虽然大家都很生气，不走也没有办法啊。刘宇最初也很生气，稍微冷静下来后，刘宇去咨询了一个熟悉劳动合同法的专业律师，律师向他提供了专业的意见，提醒他们防止企业恶意裁员。

律师指出，按照劳动合同法，裁员有很具体的规定。裁员20人以上，或者裁员不到20人但占全体员工10%以上，用人单位需要提前30天向工会或全体员工说明情况，并听取对方意见后，向劳动行政部门提交裁减人员方案后才可以裁减。而且，有几种人员应该被优先录用：1. 与本单位订立较长期限的固定期限劳动合同的；2. 与本单位订立无固定期限劳动合同的；3. 家庭无其他就业人员，有需要扶养的老人或者未成年人的。

律师告诉刘宇，有些企业故意违反两项重要内容：

一是不符合裁员的法定情形而以"公司战略调整"、"公司经营不善"、"总公司或集团公司决定"、"公司结构调整"等理由谎称裁员，这种裁员是公司人力资源配置政策方面的裁员，并不是法律意义上的裁员，这种裁员不符合劳动合同法的规定。

二是不甄选裁减对象擅自裁员。有些公司裁员时对于法定应该优先录用的人员反而先行裁减，例如有些公司裁员首先针对老员工。也许老员工的管理问题或专业技能方面存在问题，也可能岗位不合适，但这也不是企业裁员的合法理由。因为法律所关注的是员工与企业之间的对应关系，而不是员工跟企业提供的某一职位的对应关系。

因此，遇到以上两种情况，劳动者应该依法维权。

刘宇决定为了自己和其他跟自己一样无辜被公司裁员的同事去争取自己的利益。于是刘宇跟其他被裁员的同事联络，主动跟几个同事一起担任大家的代表，去跟公司谈判。

没想到，公司拒绝刘宇等人的沟通，而且不肯出示书面的解职通知，也不给他们更多的解释。刘宇大怒，发誓一定要为了自己和其他同事的利益和尊严抗争到底。

刘宇跟五十多位被裁员的同事一起，去海淀区劳动局人事争议仲裁院递交了他们集体的《反抗××公司暴力裁员抗诉书》，提出作为公司员工，"人格不被尊重"、"法律权益和经济权益被损害，得不到应有的保障"。

最终，劳动仲裁支持了刘宇和他的同事的大部分请求，要求他们所在的公司重新按照劳动合同法来处理刘宇以及公司其他员工的裁员决定，刘宇为自己和同事争取了应有的尊严和权益。

虽然心理学家认为愤怒是一种负面的情绪，但如果一个人的个性里只有不愠不火的特质，就很难在需要你义愤填膺的时候大声疾呼、做出应当的反应，也就无法维护自己的尊严和权益，从这个角度上来说，适当的愤怒是有意义的。

如果你爱的人是这样一个人，你就会知道，他也同样能够在你需要帮助的时候，勇敢伸出手来，帮你渡过难关。否则，如果你的丈夫一味胆小怕事都无法为了自己和自己的家人拼命一搏，又怎么能给自己和自己的家人一份应有的保障，这样的男人又怎么配得到一个女人的爱呢?!

有爱而怒：
——恨铁不成钢的爱，往往在怒气中交融呼应

我们从小到大都被教育，发怒是不好的，我们不应该发怒。很多生活经验也让我们知道，发怒会造成很多不好的后果——失去朋友、得罪亲人或者丢掉工作，但我们有很多时候还是会发怒。有时候，我们面对心爱的人，还是会有怒气，那是因为对对方的爱，有一种恨铁不成钢的感觉，希望他能由此变得更好。这种因爱而生的怒气，可能会让对方奋起，也可能会让两个人彼此伤害，关键在于应该怎么处置。

让人生气而愤怒的事常常很多，在工作中，当男人的下属把事情弄得一团糟，让自己被带累，让上司大加训斥，自己还不得不压抑自己去听上司跟他发脾气的时候，那种时候不管是谁都恨不得马上回去就狠狠骂那个闯祸的下属一通；下班回来的路上，累了一天的你就想着赶紧回到家中，可以放松一下疲惫的身心，结果被严重堵车的交通

给堵在了路上,个把小时都挪不动一两公里;回到家里,孩子拿回来的成绩单和老师让家长去学校的通知,让你知道,又得去听老师一通训斥了,你不由得想对孩子大发雷霆……生活中让人生气的事随时发生。

有些人很容易发火,像爆竹一样一点就着;即使孩子,有些幼儿连话都不会说,就会大发脾气;而有些压抑自己的愤怒的人却可能对生活渐渐失去了热情。我们到底该不该发怒,我们该怎么表达愤怒,是很多人感到困惑的问题。

尤其在相爱的两个人之间,也许你的怒火让对方猛醒,向着你期望的方向前进;也许适得其反,处理不当你的怒火,可能会严重伤害了双方的感情,甚至导致家庭的破裂。

常林和刘彤是中学同学,两个人在高中就彼此萌发了爱恋,高考时常林上了大学,刘彤却名落孙山,但他们感情依旧。常林大学毕业后就跟刘彤结婚了,并在省城的科研院所工作,刘彤却留在家乡县城的小厂里当工人,两个人只能过着牛郎织女一样的分居生活。

由于常林工作能力很强,深受领导赏识,于是单位积极帮助他解决后顾之忧,大费周章,才把刘彤的户口落到了省城,两口子终于可以生活在一起了,但因为刘彤学历低,很长时间都没有工作,但常林没有嫌弃刘彤,虽然他有成就感,但却很体贴妻子,刘彤也以丈夫为自豪,为了常林生活得舒适幸福,她整天把家打扫得干干净净,常林下班就能吃到热乎乎的可口饭菜,两个人生活得很幸福。后来他们有了孩子,三口之家也总是乐乐呵呵的。

刘彤觉得总在家里不是事,而且一家人的开销靠常林一个人也越来越吃力。于是她出去做起了小买卖,没想到生意越做越好,刘彤竟然成了一个私企老板。常林还是在科研院所当技术人员，每个月拿着一两千块钱的工资。开始刘彤还挺照顾常林的感受，下班之后能不去应酬就不去，尽量早点回家跟丈夫孩子在一起。

但不知什么时候开始，他们俩似乎掉了个个儿，常林在家里似乎越来越没有地位，说话越来越不算数，刘彤越来越像是常林的领导，而不是他老婆。她回家的时间越来越晚，出差越来越多。而且，似乎所有的家务活都成了常林一个人的。

一天晚上，很晚了，常林还在洗衣服，刘彤还没有到家。常林觉得挺窝囊的，这算什么夫妻啊，于是打了个电话给刘彤："老婆，你在哪儿？什么时候回来啊？"刘彤冷冰冰地说一句："我正开车呢，就回去了，不跟你说了！"然后就把电话挂了。

半个小时以后，刘彤带着一身酒气、浓妆艳抹、神气活现地回来了。她进门就往沙发上一躺，把皮包随手一扔，漫不经心地问一句："孩子睡了吗？"

常林一边说："你开车怎么还喝酒啊？"一边给刘彤端来一杯牛奶，告诉她："孩子下午放学后跟孩子们在楼下玩累了，睡了。"

刘彤不满地说："你怎么又让他下楼玩，都玩野了！"常林回答说："我也不能天天管着孩子吧，喜欢玩是孩子的天性啊！"常林的声音也高了起来。

刘彤火了："他是你儿子，本来你就得管，你不管谁管啊！我天天在外面忙得要死要活，回家还得管孩子，那你整天做什么！"

常林回答说："你日理万机，比国务院总理都忙！我也上班，孩子也不是我一个人的，你怎么就不该管孩子！"

刘彤勃然大怒："你工作？鬼知道你有什么可做的！七八年了，

也没见你有什么长进,还是一个普通技术员,钱也没挣着,升职没有希望,就是给孩子换个好幼儿园,你也没有能耐,你算个男人吗?"说完,把手里的杯子摔在地上,洒了一地牛奶。

常林打算去外面走走,不想跟妻子冲突。但他刚要开门出去,刘彤追上来说:"你要是敢出去,永远别进这个家门!"常林看着趾高气扬的妻子,只好无奈地摇摇头,一脸苦涩。

后来,刘彤骂丈夫成了家常便饭,隔三岔五地骂常林没有能耐,没有出息,不长进,谁谁丈夫给买宝马了,谁谁家里买别墅了,整天都是这样的话:"我怎么当初瞎了眼睛了,爱上你,嫁给你这么一个窝囊废!"

看着跟过去判若两人的刘彤,常林很伤心,不知道她怎么会变成这样,终于有一天,忍无可忍的常林跟刘彤说:"咱们离婚吧!我不拖累你,不影响你的前程了。"

刘彤惊呆了,怎么能是常林要离婚呢,要离婚也该是她自己提出来啊!再说了,她也没有想要拆散这个家啊!她跑去跟他们俩的一个高中同学哭诉。

同学给了刘彤一本书,有关婚姻家庭的,让刘彤好好读读。她告诉刘彤:"你恨铁不成钢的心理没有错,错就错在你在事业上精明强干,但在家里却不聪明,你不能把家庭当作你的事业,处处以领导自居,盛气凌人,居高临下,而应该把你的角色从领导调整为妻子和母亲。而且你赚钱比常林多,不是因为他能力不如你,而是机遇不同。而且你这样整天责骂,嫌弃他没用、无能,甚至否定了他对家庭的贡献和他的人格,换了谁,谁也受不了。你就像是整天拿着鞭子,驱赶着常林,逼着他这样那样,让他觉得自己活得没有尊严,他不想委曲求全了，当然就要跟你离婚了"。

刘彤自己想清楚了自己的问题，向丈夫承认了自己的错误，希望丈夫再给自己一次机会，让他们彼此好好过下去。常林内心一直爱着刘彤，也不想孩子没有父亲或母亲，于是他们继续生活在了一起。刘彤也汲取了过去的教训，注意自己在家庭中的角色，连孩子都觉得妈妈变好了。

俗话说，怒从心头起，恶向胆边生。《圣经》也说："魔鬼总是喜欢激动人的怒气，并借着人的怒气来引发可怕的祸端。"适当地表达愤怒是必要的，但如果方式不当，就会伤害彼此的身心，还可能酿成大祸。

情感大师盖瑞·查普曼博士在他的著作《愤怒，爱的另一面》里写道，所有夫妻都会生对方的气，可悲的是很多人没有学过积极处理愤怒。有些人大发雷霆，有些人冷战、沉默。如果夫妻不能学会妥善处理愤怒，就谈不上美满的婚姻。

查普曼博士用他的专业知识和多年的辅导经验，帮助我们正确认识愤怒、处理愤怒。他给出了处理婚姻中愤怒的六步策略。

一、承认自己生气

愤怒代表我们对公平和正义的关注，所以不应当在生气时自责或谴责别人，也不必否认生气这个事实。允许对方生气是尊重对方的基本权利。

二、让对方知道

你生气时要让对方知道你的感受，彼此不要去猜测对方是否在生气。你认为他做错事或说错话，觉得他对你不友好、不公平、不恰当或者因此不爱你，要让他知道，从而解决。

三、乱打乱骂是不恰当地表达愤怒

双方必须达成共识:这种发泄方式不健康,带有破坏性,只会让事情变得更糟。如果一方这样,另一方应该躲开,不正面冲突。原谅对方一时的失控,然后跟他一起处理令他生气的问题。

四、先听听对方的解释

在你判断对方错误之前,不要轻易下结论,言语和行为都可能被误会,你猜测的对方的动机可能根本不存在。听听他怎么说,就会避免判断错误。

五、努力解决问题

两个人一起,用双方都满意的方式来解决问题。

六、相互倾诉爱意

处理完愤怒之后,夫妻双方要相互倾诉爱意,让对方知道你不会因为这件事跟对方分开。如果一方的确犯错了,就要认罪悔改,而另一方则要原谅他;如果只是一方的错觉,一个人误会了对方,只要听对方解释,把事情搞清楚,问题就容易解决了。如果一方不知道愤怒可以分为正当的愤怒和扭曲的愤怒,总觉得自己发怒是正当的,别人总是错的,这样就不仅不能有效处理你的愤怒,反而还会激起对方的愤怒。

有很多问题都是由于被误解的和未妥善处理的愤怒造成的,所以,学会理性应对愤怒是迈向成熟的一个进步。

计较而怒：
——斤斤计较，怒气之下难成大器

　　每个人难免在生活中遇到一些不如意的事情，如果我们时常小题大做地为一些小事生气，久而久之，难免养成斤斤计较的习惯，这样最终就无法成就自己，做成大事。

　　人的一生，会经历许许多多的事，这些事，有大小之分，有轻重缓急的不同，每个人都会把自己接触到的和即将面临的事情分为大事、小事，好事、坏事……这些事情里难免有一些令人感觉不如意的事，如果你的大事、坏事越多，你的压力就越大。如果整天去处理这样的事，你的弦绷得太紧，就很难说可以维持多久。

　　同样的事情带给人们不同的影响。一些看起来不太好的事情，有些人可能会因此闷闷不乐、郁郁寡欢，也有些人可以从中找到乐趣，换一个角度去看世界，就会看到不同。

　　张力马上就要考托福，他姐姐带着孩子到他们家来看望父母和妹妹。张力怕外甥来吵闹，就跟姐姐说："我要考试了，你们晚上回去吧。"但张力的妈妈因为女儿好久都没有来了，她不舍得让难得见到的小外孙离开，就留下了女儿和外孙。

　　姐姐的孩子很顽皮，吵得张力受不了。张力本想考试前晚再静下心来好好看看书,结果他怎么也看不进去。气得他跑进自己房间,关起门,把以前的不顺都想起来了,越想越伤心,结果他气了半晚上。第二天进考场,头晕目眩,昏昏沉沉,考试结果也好不了。事后他来找心理医生咨询。

医生听张力讲完了事情的经过,对他说:"你有你自己的房间,本来你可以开始就跟外甥说,让他们别闹,会影响小舅学习。然后你在自己的房间看书,这样就都彼此没有干扰。可见,让你觉得心神不宁的,不是他们发出的声音,而是你自己耿耿于怀的感觉,因为你太在意了,所以只要想到他们在家里,就会心烦意乱,更别说他们闹出什么动静来,你就更受不了了。"

张力听完,点头说:"是啊,我觉得我姐姐太自私了,她根本就不会替我着想!每次我遇到什么大事,总是被他们影响,浪费我好多的时间和精力。"

医生看着张力痛苦又无奈的表情,带着同情跟他说:"你别急,我们一起找办法解决。你有没有想过,人一生不可能一帆风顺,都会遇到很多挫折。你的问题在于,你的小麻烦没有得到及时解决,时间长了,你的思想就会有一个障碍,形成一种思维定式。遇事你不是积极地去处理,而是采取消极的方式,比如发脾气、生闷气,或者只注意到事情消极的一面,而且在心理把这种消极的影响放大。所以有事你就容易生气,成为你一种固定的条件反射。正是因为你没有能够积极解决遇到的问题,才觉得命不好,老是很痛苦。如果你遇到问题就能积极想办法解决,或者跟长辈和值得信赖的朋友好好交谈一下,从别人那儿得到启发,可能你的心情就开朗了,事情也就向好的方向发展了。"

过了几个月，张力很高兴地来找这个医生，向他致谢，他的心理问题解决了。

　　有些男人因为遇到一个苛刻的老板，有些人因为出身贫寒，有些人因为心爱的人不理解自己，有些人工作遇到难题……虽然我们每个人的烦恼不同，而且来无影去无踪，但也并非束手无策。如果我们不想让烦恼困扰自己，首先要学会宽容、大度和忍让，才能"化干戈为玉帛"。要有"宰相肚里能撑船"的气度，同时学会换位思考，从而理解他人、体贴他人，不因一些小事耿耿于怀，做到以诚待人，以情感人。

　　如果遇到事情，总喜欢争强好胜，跟别人的矛盾就会越来越深，最终可能发展到势不两立的地步，既破坏了人际关系和团结，还有损自己的身心健康。所以，调整自己的心态，学会排解自己，生活工作中遇到的任何烦恼都不能影响你。

　　比如，我们遇到苛刻的老板，他可以锻炼我们的意志；我们贫苦的出身可以帮我们激发斗志；我们爱的人不爱自己，可能她不适合我们；工作中的难题总有解决的方式……如果我们换一个角度去看问题，把我们遇到的每一件事都往好处着想，心情就会豁然开朗，就会感到柳暗花明。

　　上帝对每个人都是公平的，只要我们自己心胸开阔，就能知足常乐，就不会经常为一些微不足道的、鸡毛蒜皮的小事生气伤神、耿耿于怀，为这些小事浪费生命是不值得的。我们不能改变他人，不能改变环境，但可以改变自己。

恨己而怒：

——憎恶自己，在纠结中无法自拔

有些人由于种种理由和原因，憎恶自己，看不上自己，内心的纠结和矛盾，造成了他们对什么都觉得有种种不满，但内心最不满意的，还是自己，并因此而发怒，迁怒于人或者直接对自己发火。

因为自己没有钱、因为自己相貌丑陋、因为自己太在意别人的看法、因为自己总有不切实际的想法、因为自己太自卑、因为自己不合群、因为自己脾气暴躁、因为自己生活不如意、因为自己的付出没有得到回报、因为自己一事无成、因为自己喜欢的人不喜欢自己……总有些男人会因为这样或那样的理由不喜欢自己，讨厌自己，甚至憎恶自己，怨天尤人，甚至对别人或者自己发怒。

从前有个男人，总觉得事事不如意，每当这时候他就总是生气，跟家里的亲人和周围的朋友、邻居都弄得关系很不好，他也不想自己这样，就更恼火，想改又改不了，于是时常自己觉得什么都别扭，整天闷闷不乐。

有个朋友建议他去找一位高僧，说他很有能耐，应该可以帮男人解决他的问题。于是，他去山里找到那位高僧。

他跟高僧说："大师，为什么我总是生气，您知道我这是怎么回事吗？我怎么才能不生气呢？"高僧笑笑对男人说："施主，请跟我来。"然后带他走到一个柴房的门口，跟他说："施主，请进"。男人满心疑惑地走了进去。没想到高僧迅速关门上锁，把男人锁在了柴房里。男人大怒，骂道："你这个该死的和尚，你干吗把我锁起来？放我出去！"高僧一语不发地走了。

男人骂了很久，高僧没有任何反应。男人只好哀求他放自己出去，高僧仍然不言不语。男人看怎么样高僧都不理会自己，只好沉默了。

高僧终于走到门前问男人："你还生气吗？"

男人说："我不生你的气，我跟自己生气，我干吗要来找你，干吗来这鬼地方受这份罪啊！"

高僧说："一个人连自己都不肯原谅，又怎么能够原谅别人呢？"说完转身就走了。

不知道又过了多久，高僧又来到门口，问男人："你还生气吗？"男人回答说："我不生气了。"

高僧又问道："为什么你不再生气了？"男人回答说："生气管什么用啊？"

高僧对男人说："你的气还留存在心里，这样一旦爆发就会很剧烈。"高僧又一次离开了柴房。

高僧第三次来柴房，男人说："我想明白了大师，我不生气了，因为不值得生气。"

高僧说："你觉得不值得生气，说明还有气根。"

当高僧再一次来到门前，男人看到夕阳落在高僧身上，镀上一层金黄，男人问道："请问大师，到底什么是气呢？"

高僧没有回答,只是把手中的茶水泼洒在地上。男人看了很久,没有再说话,眼神中流露出的东西让高僧知道,他顿悟了。

高僧淡然一笑,开了柴房。男人叩谢后离开了寺院。

这个故事告诉我们 气,可能是一种看不到的东西,仿佛别人吐出来自己吸进去,如果尔想到就会觉得恶心,而如果你没有在意,它也许根本不存在。

有些男人过分自责,时刻折磨自己,很害怕自己不能成为别人所希望的人或者自己所期待的人,内心的负罪感会逐渐加重,越不喜欢自己,就越不满意,然后面对压力就会更加紧张,然后就会更加不满意,这一切成了一种恶性循环,严重时甚至成为某种病态,成为抑郁症患者。最终会把自己弄得崩溃,觉得自己对不起身边爱自己的人,更加讨厌自己,甚至自杀。

在现实生活中,我们想要保持良好的精神状态,避免出现对自己憎恶的感觉,以至于越来越恶化的状况,学会自我宽容是有必要的。所谓自我宽容就是指真诚地对待自己,接受自己真实的状况。

要做到对自己宽容,我们应该注意以下几方面。

一、不嫌弃自己

如果一个人能够做到不嫌弃自己,那么他也就不会太在意别人对自己的褒贬好恶,别人对自己有不好的评价也能淡然处之。能够宽容自己,也能够宽容别人。

二、无私无畏

如果被人误会或者遭人诽谤,内心很委屈,也要让自己胸怀宽广。自己心底无私,就不会做事畏首畏尾、患得患失,就能让自己心情舒畅、乐观,精神开朗。

三、宽厚待人

宽厚是待人处世的重要原则，对人宽对己严是必要的，但也不能过分苛刻自己。不要为蝇头小利斤斤计较，更不要一点小事就大吵大闹，善待别人的同时，善待自己。

四、不自寻烦恼

很多时候，如果你在意，可能就有烦恼。不要去自寻烦恼，应该知道无论什么事都有它的两面性，就像钱币总有它的两面一样。现实生活中，可能因祸得福，也可能乐极生悲，无须对生活琐事过于认真。有时候有人遇事想不开，自己生闷气，还弄得周围的人无所适从，实在是很没有意义的事。

每个男人都应该为自己感到自豪和骄傲，请不要讨厌自己！当你爱自己的时候，才有可能让别人爱你。

烦躁而怒：
——无法抑制情绪，暴力倾向太过严重

有些男人无法控制自己的情绪，内心烦躁，行为粗暴，遇到一点事情就火冒三丈，要么口出恶言，要么摔坏东西，严重时甚至不惜对别人拳打脚踢。这样的怒气除了对身边的人造成伤害，没有一点益处。其实细细想来，内心是不是也会后悔万分？可惜暴力过后，往往只有

后悔的分儿了。

也许是某些男人自身修养的问题，或者个性问题，或者是他们不明白道理，个性不成熟。心胸狭隘，总喜欢遇事随心所欲，不愿意被人管束，也不会自我约束，总希望别人都顺着他。所以他们一遇到问题，觉得不顺心，就可能情绪失控，对别人口不择言、恶语相向，或者摔坏、砸毁东西，这样都成了司空见惯的事，严重的时候甚至会对身边的亲人拳打脚踢，暴力倾向十分严重。

以"我不杀伯仁，伯仁因我而死"而闻名的东晋人王导，曾经做过东晋三朝皇帝的重臣，官居宰相，再加上王导平日性情谦和宽厚，能够调节各方矛盾，所以联合了南北士族，他手下有个人名叫王述，性情急躁。晋朝士大夫好清谈，时常聚集在一起讨论文化或者哲学问题。有一天，一群人聚集在王导府上，因为王导位高权重，人缘又好，而且又颇有学识，所以每当他说到什么，总是赢得大家的叫好声。王述对此不满，当他认为王导的某句话不值得叫好的时候，他把酒杯摔在地上，大声说："怎么什么你们都叫好，有那么好吗？"结果弄得大家不欢而散。

一天王述吃鸡蛋，拿筷子怎么也捡不起来，想扎也扎不透。王述一气之下把鸡蛋扔到地上，看鸡蛋在地上骨碌骨碌地转，王述更生气，又去拿脚踩。没有踩到鸡蛋，还害得他自己差点摔一跤，王述更气得怒火万丈，又一把从地上把鸡蛋抓起来，囫囵塞进嘴里，咬碎了吐出来。

东晋的蔡子叔也特别暴躁。一位高僧名叫支遁，平时住在会稽，有很多朋友都在京城建康。每次到建康，支遁总要跟朋友一起讨论佛学。一天支遁准备返回会稽，他的高官朋友为他送行而举办酒宴。蔡子叔来得早，坐在支遁附近。当他离席去方便的时候，一个叫谢万的人就坐在了他先前的位置，好便于跟支遁交谈。没想到蔡子叔回来后，看到谢万坐在他先前的位子上，二话不说，一把抱起谢万把他摔到地上，自己很坦然地坐下了。谢万被蔡子叔摔得衣服都破了，帽子也掉了，满身灰土，很是尴尬和狼狈。但他起身后并没有跟蔡子叔发火，只是小声跟蔡子叔说："你差点把我的脸都摔破了。"蔡子叔居然理直气壮地说："我本来就没有顾及到你的脸面！"

上文中的王述和蔡子叔都过于敏感而性情暴躁。他们这样的人，常常以自我为中心，性格内向，心胸比较狭隘。遇事他们只考虑自己，不能周全地顾及周围的人和事。而且考虑问题非此即彼，如果你跟我想的不一样，不跟我是同一立场的，那就是错误的。这样的心理对人对己都很不利，会影响到自己的工作、学习，也会影响与周围人群的关系，不利于人际关系的建立，还会给自己的身心健康造成不良影响。

怎么才能避免出现这样的情况发生呢？专家给出了如下建议，我们可以在平时的工作生活中作为参考：

一、不妄加猜度

在日常生活中，用平常心去看待周围的人和事，不要妄加推测别人对自己的评价，对别人应该抱着信任的态度。不要总觉得有人格外注意你，更不要觉得别人都是在跟自己过不去，把没有的事弄成真的，把小事弄得好像比天大。

二、与人为善

工作和学习中，人与人朝夕相处，难免磕磕碰碰，出现矛盾是在所难免的。如果过于敏感，遇到一点不如意就跳起来，跟别人动怒发火，是很糟糕的事。对别人应该更宽容，严于律己，宽以待人，注意学习别人的长处，弥补自己的不足，才能更加得到大家的尊重和帮助。如果你对人过于挑剔，就不能取得进步，自己的路也会越走越窄。当你融入大家之中，获得了大家的接纳、支持和喜爱之后，你就能比过去更加建立了自信心，了解自己的价值，获得从来没有过的喜悦。

三、期望值别太高

对人对己的期望值都要适度，不要太急于求成，遇到一点挫折和磨难又无法适从，给自己太大的心理压力。所以，在做事的时候，在前期确定目标和预期结果时，不要设置太高的期望值，要充分考虑到各种不利因素，给自己留有足够的余地。

四、心胸宽广

遇到问题，都要有积极乐观的态度，对人对己都要大度而友善，这样就不会对人太苛刻，对自己太苛求。

五、原谅别人

即使我们明知道对方错了，也应该宽厚待人。只要他不是有意犯错，我们都该对他抱有同情的心，允许对方改正。我们并不比别人更高尚，我们都会有错。当我们从别人或自己的错误中汲取教训，学会了成长，我们就能取得更大的进步。

撒气而怒:

——总将不满之气转嫁到别人身上

每个人难免碰到各种各样让自己不痛快的事情，例如被人讽刺挖苦，自尊心受到伤害；工作进展不顺利，或者被领导批评，工作积极性受到挫折；碰到恶意欺骗或遭遇盗贼，财产受到损失……这些事很让人内心愤怒。但如果一个男人遭遇各种坎坷挫折就用愤愤不平的情绪来应对，把自己的问题转嫁到他人身上，就不是一个男子汉的所为。

愤怒是一种正常的情绪体验，能够反映一个人内心的喜好和憎恶，我们无法绝对地否定和排斥愤怒的情绪。但如果一个人常常对别人发火，因为一些小事，甚至无关紧要的事而大发雷霆，说明他们的心理弹性空间小，适应能力差，对逆境无法合理地认知和应对，自己由此容易产生挫败感，不满、失望、挫败、痛苦的情绪就由此产生，反而更容易把怨怒发泄到别人身上。这样的作为，对于一个内心豁达健康的男人的塑造，是有弊无利的。

无论你有什么样的理由，拿别人撒气都是不理智的做法。每个人在工作中或者生活中，都难免遇到让自己觉得难以接受、看不顺眼、气不愤、不满意、不开心的事，比如你工作兢兢业业、勤勤恳恳，工作能力也强，又能够像老黄牛一样任劳任怨，无论大事小事只要领导或者同事开口,你都尽量完成或者诚心诚意地帮助别人,结果你的工作反而越来越多,有些人却闲得无聊,而你的工资也不比别人多,反而因为事情太多、偶然出错而受到指责。天长日久,你内心的不平会越积越多,如果不能及时调整自己,你心里憋着的那股怨气就会突然爆发出来,而那个被你出气的倒霉鬼,可能就是一个无辜的人。这样的事情即使可以让人理解,也很难被人接受。如果你遭遇令你不满的事,就把气撒到不相干的人身上,不仅于事无补,对那些被你发怒的人也很不公平,往往容易伤害、刺激、得罪无辜的人。如果我们无法改变现状,就必须主动地、尽早地、及时地调整和疏导自己的情绪,使自己尽快心平气和。否则,自己气大伤身,又伤害了无辜的别人,会让事情的结果越来越糟。

赵强生活在农村,因为家庭条件不好,找了一个外地女子张兰结婚。两个人结婚后感情不好,张兰因此离家外出打工,在同村人李振的建筑施工队给人做饭。不久后,张兰就跟另外一个施工队的电工刘仁私奔,去了外地。赵强费劲周折,找回了张兰,但两个人的感情并没有因此好转,张兰又一次离家出走。

赵强觉得张兰的出走都是由于她去李振的工地打工才造成的,于是想要报复李振。

一天,赵强开着拖拉机帮村里其他人运麦子,正好看到独自走在路上的李振。他觉得报复的时机到了,于是停下拖拉机跳了下来,没有等拖拉机上的其他村民明白过来,他走上前去,抓住李振的衣服,对着他的眼睛就是狠狠一拳。李振的眼睛马上流出血来,接着赵强对着李振的前胸又狠狠打了一拳,把李振打倒在地,然后对他拳打脚踢。其他村民赶紧跳下拖拉机去阻拦赵强,这时李振已经多处受伤。

赵强并没有意识到自己迁怒于人、伤害他人的行为是错误的而感到悔悟，反而为了逃避责任和警察的调查追究而跑去别处打工，最终被警察抓回。李振因为赵强的殴打，眼睛几乎失明。赵强因为故意伤人罪被判刑。

　　赵强因妻子跟人私奔，而把怒气撒到根本不相干的李振身上，伤害了他人，也为此付出了惨痛的代价。

　　这种没有原则、对无辜的人滥加伤害的愤怒情绪，不是一个心理健康的人的正常所为。这种性格和情绪上的偏激，是一个不可小觑的缺陷，对于一个人的为人处世非常有害，严重者甚至像上文中的赵强一样伤人害己。

　　我们怎样调整才能不出现或少出现这种负面的愤怒情绪呢？专家给出了以下建议：

　　一、改变自己

　　脾气暴躁的人应该自身有迫切改变的愿望，对自己不良的情绪和行为要有意识地加以控制。

　　二、必要时适当责罚自己

　　在自己为一点小事就动辄发怒的时候，对自己适当地加以一定的惩罚，可以帮助自己有效地消退这种不良行为。

　　三、积极的心态和思维方式

　　要用阳光的心态和积极的思维方式看待周围的一切，对不符合自己理想的现实状况学会包容和接纳，当遇到不满意、不顺心的情况发生时，心胸比较宽阔，就能容纳很多过去不能容纳的事，坏脾气就会逐步减少，对人发怒的事情也就会愈来愈少发生，直至逐渐消失。用阳光的心态，来改变自己对周围的一切的消极看法，对不完美的现实要学会接纳和包容。这样,当你不如意、不顺心时,你的心胸就会比较宽阔,就会容纳下以前不能容纳的事情,达到使自己以前的坏脾气逐渐减少甚至完全消失的状态。

报复而怒:
——爱记仇者,易走极端

每个人遇到内心不平的事,难免有愤怒的情绪,但我们是情绪的主人,不能反被愤怒的情绪控制了自己。如果对于周围的人和事稍有不满,就心存仇恨,恨不能置对方于死地。这样褊狭的内心世界,是没有阳光的黑暗之地。每个人都应该避免被这样的愤怒所掌控,失去了人心的善良。如果一个男人,内心如此褊狭,更容易做出伤人伤己的事,就更不足取。

人的一生,很难事事顺遂,遇到各种各样让我们内心感觉不快、不平的事,是很难避免的。如果我们内心充满积极的力量,我们就能逢山开路、遇水搭桥,向着光明的地方飞奔而去;而如果我们遇到事情就只想到坏的一面,内心消极,做事就难免求全责备,对人就难免心存恶意,甚至对令我们不满的人存心报复,必欲置对方于死地而后快,这样我们心里的光明就会越来越少,就会让自己陷于一片万劫不复的黑暗当中。

宋朝的时候，有个叫许斐的人，写下一篇文章叫《责井文》，里面有这样一个故事。

某年夏天，年景不好，天气大旱，许斐所住的院子中的井水也枯竭了。许斐很生气，就去责备水井："我以前还总觉得你这口井不错，井水甘甜，以为你永不枯竭呢，谁知道，该用你的时候，你却没水了。算了吧，以后就是我不吃饭不喝水，我也不喝你的水了！"然后许斐气得真的饭也不吃，就去睡觉了。

许斐睡着之后做了一个梦，梦中有个满脸灰尘、嘴唇干裂的童子。那个童子说："你不认识我吗？我是你那口井的井神啊！你想想，你平时锅碗干净、衣服没有灰尘，是谁在帮你呢？你磨墨之后写书作画，用来研墨的水，是谁在提供你？你杯中盛满美酒，那美酒暗香浮动、月影婆娑，美酒是怎么来的呢？不都是用我的水井的水吗？我帮你那么多，不期望你感谢我，但你一次喝不到水就怨恨我，你怎么没有感恩之心啊？好吧，那我就再去帮帮你，我去天国求天帝帮你，请他打开泉水，满足你的要求。"

许斐忽然就从梦中惊醒，没有看到面前有什么童子的身影，却听到屋外传来哗啦啦的雨声。

这个故事在现实中时常可以看到。有人请朋友帮忙做事，朋友十次有九次都帮了他，他没有觉得这里面有什么需要感激对方的。但有一件事没有办成，他就会抱怨说："找你帮个忙你都不帮！"其实朋友并不是不想帮他，可能只是实在没有能力帮他，但他却不记得别人帮他九次的好，却因为这一次朋友没有帮他而心存怨恨，甚至反目成仇，心存恶念，图谋报复。这就叫"久济亡功，一渴成怨"！

比如一个人有个朋友，为人豪爽，仗义疏财，平时很讲义气，朋友有事都有求必应。这个人的日子过得不如意，捉襟见肘，就时常去找朋友帮助，这个朋友都帮助了他。有天他又去找朋友开口借钱，而且要的不是一个小数字。朋友恰好手头比较紧张，拿不出他想借的钱。这个人就觉得朋友是诚心不借给他，说了很多不阴不阳的话，带着恨恨的怒气离开了。

我们可以从《责井文》中，得到很好的几点警示：

一、感恩

对帮助过我们的人心存感激，懂得感恩，应该知恩图报，才是一个人的本分。

二、换位思考

我们在求助于别人的时候，要懂得换位思考，能够体谅别人的难处，得不到自己想要的结果也不要心生怨恨。

三、心胸宽阔

应该向井神学习，就有宽厚的仁爱之心和宽容之心。即使遭到别人不讲理的责备后，还一如既往地对待对方。

美国著名学府斯坦福大学做过一个有名的实验，让志愿者对着鼻管呼气，然后把储存在鼻管里的人的"废气"放在雪地上。这个实验，结果看起来很有趣：心平气和的人们呼出来的气体，不会让冰雪发生改变；内心感觉内疚的人，呼出的气体会让冰雪变白；而内心很生气的人呼出的气体，会让冰雪变成紫色。

接下来的实验结果却很可怕：他们把冰雪融成的水，注入小白鼠体内，结果发现，只要一两毫升的紫色的冰雪化成的水，就能让小白鼠在一两分钟内殒命。可见，"怒气"是有毒的！

人们心中的怒火就如同定时炸弹，一旦打开开关，之后就无法控制，结果必然是死伤一片。而存心报复的愤怒，是所有愤怒中最自私、最恶毒的，我们如果不加以控制，结果一定是损人不利己的。

心理学专家给出了五个避免发怒的方法：

一、走为上策

碰到不高兴的事，尽量躲开，免得让自己生气、发火，虽然此举有些消极，但避免不必要的矛盾和争执，也不失为一种自救方式。

二、转移注意力

如果有人来骂你，你不听他骂，转身去找自己喜欢的事做，权当这事跟你无关；当感觉自己情绪偏激时，找一些自己觉得有趣的事，控制自己狂躁的情绪，帮助自己恢复理智。

三、积极释放情绪

释放不是仅仅在观念上避开或转移暴躁易怒的刺激，他骂你你就骂他，而是给情绪找一种出路，比如找朋友去谈出来，由此释放内心的情绪，不让负面的东西在自己心里积压。比如遇到很痛苦的事，强制自己不能释放出来，反而会对身心健康有害，找朋友倾吐出来，就能让自己恢复平静。

四、向积极的方向转化

把偏激的情绪跟积极的因素关联在一起，把负面的能量向积极的方向转化。比如越是有人说你不好，就越要干出个样子，把困苦或者不平都作为动力，激励自己积极行动起来。

五、自我控制

加强自我修养，用高尚的情操和坚定的意志来克制自己，控制自己的情绪和心理，防止各种偏激情绪的产生。什么不好的东西都不放在心上，就什么都伤不了你。

第三张 哀，

忧伤的表达，真实往往若隐若现
——男人的伤感世界，未必全有眼泪相伴

　　都说男儿有泪不轻弹，因此当男人哀伤的时候，其表现也是各有千秋的。由于哀伤的原因不同，因此处理的方式也是各有不同的。即便是自认为非常了解男人的女人，也都很难捉摸出他们到底有多少用来哀伤的理由。曾经有个男人说，每到秋草黄，当看到飘飘而落的叶子的时候，自己也会落泪，听说那叫作哭秋。这时候我们不禁感觉到了男人未必都是粗线条，相反，他们的感情也很丰富，那种哀伤时隐时现，让人琢磨不定。在他们伤感的世界里，未必全有眼泪相伴，但绝对会出现很多你难以预料的表达方式。

转念而哀：
——在悟性中成熟，追求过多失去了最好的东西

俗话说，人往高处走，水往低处流。很多人，在不断成长的过程中不断追寻着自己的目标，当他们拥有某些东西的时候不懂得好好珍惜，在不经意之间失去了很多，失去之后才觉得痛苦万分，感觉后悔莫及。

正如俗话所说，"当我们能够拥有一样东西时，我们才会明白自己从前失去过一些什么"。很少有人会想到，当自己不断向高处前进的时候失去的，往往是最值得自己珍惜的。当有一天，他们站在某个人生的高度，手中拥有权力、金钱、地位，而对跟自己紧密相关的亲情、爱情、友情疏忽不见。直到某天发现，过多的追求让自己丧失了应有的选择和判断，无奈的选择只能让自己更被动，让自己失去的比得到的更多，虽然自己得到了很多，但失去的却可能再也无法挽回，让自己一生都感觉遗憾和痛惜。

每个男人从最初的幼稚、无知渐渐成长，时常被一些东西吸引着，不断长大，也不断失去很多东西，过多的追求会让人无法明白人生的意义，也会渐渐地被失去的东西所困惑，然后开始反思，自己到底想要什么？人生意义到底是什么？

每个男人都在扮演不同的社会角色,大多数人都在为实现自我价值而努力着,都希望能够不断追求更高的目标,而且同时不失去已经得到的一切。为什么很多人所谓的追求到最后都无法让他们心满意足呢?

人的一生中有太多的无奈和烦恼,很多男人之所以会感觉心累,就是因为常常会在坚持和放弃之间徘徊;很多男人感觉痛苦,是因为渴求太多;很多男人不快乐,是因为计较太多。每个男人都会有一些值得回忆的东西,也会有一些必须面对取舍的选择。在放弃与坚持之间怎样取舍?也许勇于放弃和敢于坚持都是一种勇气。

面对现实,金钱、权力、奢华、美色……有太多的诱惑,很难让我们能够好好把握自己而不迷失。小时候,爱读书的孩子上不起学;不爱读书的孩子却为了文凭奔波;不爱音乐的孩子被家长逼着去学钢琴、不爱踢球的孩子被家长逼着进足球队,有音乐天赋的孩子却不一定有机会学音乐,有足球天赋的孩子却可能没有条件踢足球……长大了,有人在爱情和事业中选择事业,结果发现事业不是他的最爱;有人选择成家立业,但发现自己娶了热烈的红玫瑰,所爱却是在灯火阑珊处的白玫瑰;人生岁月蹉跎,常常在无奈中选择接受。

胡可大学毕业前,男朋友程林去了美国,他希望胡可第二年也能去美国留学或者他们结婚,胡可就可以去陪读,他们就可以在一起了。胡可对程林的离去并没有太觉得伤感。

胡可在实习公司里遇到了刘安,他是她的主管。开始刘安为公司给他安排了一个女孩做助手而感到不满,而胡可对刘安的"性别歧视"也很气愤,于是牺牲了自己学托福的时间来做工作,她的工作表现让刘安刮目相看,他们就这样逐步了解而熟悉起来,两个人都觉得在一起特别开心，胡可在刘安身上找到了她跟程林在一起的时候没有的那种有苦有甜的感觉。

刘安的女朋友在上海，他计划毕业后去上海工作，跟女朋友在一起。但他跟胡可工作的默契，让他们彼此发现，心里都有了对方。胡可向刘安表示，无论他怎么做，她都理解。刘安自认为是个负责任的男人，他觉得不能辜负了自己的女友，于是他在胡可和女友之间，选择了女友。

胡可去了美国，她跟男朋友程林坦然说出了跟刘安之间的一切，程林理解胡可，用宽容包容着她，胡可毕业工作以后他们结婚了。胡可渐渐发现了丈夫身上那种深沉的爱，虽然程林不会浪漫。

在上海跟女朋友结婚的刘安，觉得他的妻子是一个越来越功利的女人，就连他在家里想安静一下都难以做到，而且她身上没有胡可那种清纯的气质。而事业渐渐做得有声有色的他，打算跟妻子离婚，他觉得可以用钱给妻子一些补偿了，就在去美国出差见到胡可的时候，向胡可提出，让胡可跟他回上海一起生活。

当初刘安选择了女朋友而放弃胡可的时候，虽然胡可也有一点失落，但也接受了。可现在他提出让自己跟他在一起，那自己的家和丈夫程林怎么办？胡可冷静地思考以后，她跟刘安说："祝福你找到适合你的女朋友"。刘安痛苦地紧紧抱着胡可，然后转身进了机场检票口。

时光荏苒，每个人其实都在奔波与劳碌之间饱尝痛苦与寂寞，也同时在享受快乐与幸福的人生。每个人都应该学会取舍，必须放弃的决不挽留，必须珍惜的决不松手。

我们同时也应该了解到，放弃与坚持，是既对立又统一的事，它们有着以下一些特性。

一、取舍、得失不是一时的,而是长久发展的

取舍、得失不仅仅在于一时之间,人生不会停留在那个时刻,而是会一直持续下去,只有能够坚持努力的人,持之以恒地奋斗到底,才能取得最后的成果。

二、取舍、得失不是表面的,而是两位一体的

当你得到一些东西的同时,可能你同时失去了一些其他的。每个人应该明白自己最想要的是什么,知道自己得到的是什么、失去的是什么,也就不会为失去而感到太在意、太痛苦。

三、取舍、得失不是单一的,而是多面的

当你在为事业奔忙,最终取得事业的成功,就可能忽略了周围的人际关系,放弃了一部分家庭和个人的快乐。成功和失败,站在不同角度,可能得到不同的看法。所以要清楚自己的选择,才能坦然接受某种成功另一面的失败。

比如清朝的左宗棠,平定内乱、远征新疆,立下赫赫战功,但一首诗对他的评价是"新栽杨柳三千树,引得春风渡玉关",至今西北有些地方还有"左公柳"的说法,这就是用另一种角度对左宗棠的赞誉。

真正的成功者,喜欢自己的现状,也了解自己的内心,懂得克制自己的欲望,知道自己的发展方向,不拿社会的标准去评价自己的得失成败,而是不断地挑战自我,让明天的自己比今天的自己更好,就会庆幸自己的得到,能够坦然地面对自己的人生,走好自己的未来。

作为男人,真正懂得自己的内心,明白自己的选择,才能坚持自己的执着，保持自己的激情，兑现自己的承诺，从而更好地走过人生，才不会为自己的选择感到悲哀。

思念而哀：
——感恩中思念，证明有情有义

每个男人的人生中都难免经历失去的痛苦，或者是生离，或者是死别，这种哀伤无以复加。他们会怀着一颗感恩的心，在思念中想起很多以前想不到的种种，这样的哀伤，是人之所以为人的标志，它代表了生命的珍贵，情义的无价。

有很多时候，我们之所以觉得艰难、痛苦比快乐、幸福多很多，是因为我们常常忘记留意快乐和幸福，而它们原本可能很平淡；而艰难、痛苦的感觉会被我们无形中放大若干倍，所以感受才如此深刻。

滴水之恩，当涌泉相报。感恩是我们作为一个人该有的本性，它丰富了我们人性的世界，让我们的人生更有意义。生活中如果缺少了思念与感恩，这个世界该变得多么的冰冷！

我们应该学会感恩母亲，是她历经十月怀胎之苦，在分娩的痛苦中生育了我们，然后用乳汁、心血和爱，抚育我们一天天长大，所有的艰辛不求回报，只为看到我们幸福。

我们应该学会感恩父亲，有人说"父亲就像冰箱里的灯，不到打开冰箱门的那一刻，你感觉不到他的存在"，父亲的爱也许严肃，也许严苛，也许让我们无法看见，但那种爱，始终存在于他给我们的点滴关怀和教育里。

我们应该学会感恩生命，它让我们感受世间的一切美好，也在种种痛苦中让我们品味更丰富的人生；我们应该学会感恩生活，是它让我们经历种种爱恨情仇，酸甜苦辣。

我们也应该学会感恩那些曾经伤害过我们的人，因为痛苦使我们学会成长，责怪让我们学会自我反省；欺骗让我们了解人生的残酷、学会人生的智慧；变态地压制我们的上司让我们学会成熟；遗弃我们的爱的恋人让我们学会享受孤独；背叛友情的朋友让我们知道善良的可贵；背弃了一生一世的诺言的爱人让我们得到最终的幸福……我们从而变得不再那么脆弱，我们在痛苦的磨难中逐渐成长为一个坚定、坚强的人。

有很多时候，我们在幸福快乐中是不会体会到自己感恩的心的，只有经历过生离死别的失去，才会真正体会到感恩和思念是那么地铭心刻骨，让人无法忘怀。

有一位老师，在车祸中身亡，那个司机肇事逃逸，但这位令人尊敬的老师，却收到了无数他曾经教导过的学生的默默的哀思，其中一封信是这样写的：

《但愿天堂里没有车来车往》

2012 年×月×日，一个普通的日子，却从这一天起，成为许多人心里无法抹去的记忆——我们失去了尊敬的老师，他再也回不来了！

这个下着雨的傍晚，老师像往常一样出门散步，却被一辆车撞倒在地，旁边小卖店的老板看到倒地后的老师嘴动了一下，却没有说出任何话来。无良的肇事司机趁着浓重的雨幕逃走了，他夺走了老师的生命，让我们最敬爱的老师永远地离开了我们。

记得最初我来到×××学校，老师已经退休而被学校返聘，他是学校里最受学生爱戴的老师，他的房间里总是挤满了学生，他喜欢抽烟，喜欢吃重口味的菜，喜欢跟学生们开亲切的玩笑。同学们也总是喜欢把自己的秘密告诉老师，周末回家的同学喜欢把自己从家里带来的好吃的跟老师分享……大家都记得老师深沉的爱和温暖灿烂的笑容！

老师，您身患重病的妻子还在等着你的照顾；您的孙女还在等爷爷陪她一起玩，她是那么贪恋您温暖的怀抱；您的学生还在思念您，我们梦中都会回到您的课堂，想念您的音容笑貌，因为老师说过"人活着要快乐！你不快乐？谁替你快乐？"我们爱戴您、尊敬您，我们为有您这样的老师而感到自豪和骄傲！

然而，您却那样走了，没有留下一句话，没有留下只言片语，没有来得及再看一眼您心爱的家人和您的学生！

老师，请您一路走好，但愿天堂里没有车来车往！

人比动物多的，原本就是计较得失的心态和感悟的智慧。当我们笑过、哭过，伤痛过、沉思过，我们会更加感谢上天给予我们的一切，面对微笑我们会更加感谢那份真诚的善意，面对伤害我们也能更加坚强，面对蔑视我们能够更加自尊，面对成功我们也能更加淡然从容。

有些东西，当时也许我们不在意，但那个瞬间，也许在不经意中就会铭刻在我们的生命里。当我们真正在生离死别中经历失去，在思念中从而学会感恩，也就是学会感激在生活中所有的一切，珍惜生命历程中所经历的种种，我们就有了更加丰富多彩的人生。

一个懂得怀着感恩的心去思念的男人，虽然哀伤，虽然痛苦，但这样的哀伤，也让人同时看到他内心的柔软与强大，看到他有情有义的真性情。

成全而哀:

——勇于成全别人，证明了男人的博爱

有时候，爱一个人，未必要得到她，未必要与她相守一生。当你用男人的承诺去成全别人的姻缘、别人的幸福和快乐，你成全了她和他，成长了你自己。看起来你失去了她，而事实上你得到了整个世界。

每个人的人生，都有很多预想不到的东西，在某个不经意的瞬间，也许有人有意无意地闯进我们的生活，走近我们的生命；在某个出乎我们意料的时刻，又悄然离去。这样一些来去匆匆的人们，也许命中注定，只能是我们生命的过客。相识相逢一定有缘，但这样的缘分，却未必能够一生一世相守。所以我们没有必要奢望把这样的人，留在我们的生命里。既然无法风雨同路，相濡以沫不如相忘于江湖，前方也许有更美丽的风景，也会有能够跟我们一世相守的人们等着跟我们携手而行。

如果我们不能改变生命的长度，理应设法改变自己生命的质量。即使做不到"天下人负我，我不负天下人"，也不必像心胸狭隘的曹操一样"宁可我负天下人，不可让天下人负我"，胸怀坦荡，才能微

笑着面对生活，面对世界，面对人生。

这个过程中，我们可能为他人做了许多事，当发现她背叛自己时，心中无法平静，总是涌出无尽的悲哀和苦痛。但想想看，人的生命，在岁月的长河中微不足道，每个人都是生命中的过客。既然如此，何不让自己把得失看得淡然，在这物欲横流的世界里，葆有人生最初的那份美好和纯真，才能更好地陶冶自己，让梦想延续。

并不是所有的感情都有一个美好的结局。成全和退让有时候也是一种爱，即使仅仅是成全别人的卑微和脆弱。

最大的爱是你快乐我就快乐。如果美好的愿望不能有美好的结果，如果两个人在一起，只能彼此感到伤害和痛苦，这样的爱留下又有什么意义呢？不如放弃彼此，成全对方。既然相爱，何必勉强自己、勉强别人。爱一个人未必可以一生相守，放弃也是一种隐忍的爱。

高峰独自离开家乡，为了成就自己的梦想，来到北京打拼。

最初的高峰在一个手机店做店员，跟他们业务有关联的另一个公司的业务员张雅爱上了这个文静朴实的男孩。高峰的工作很辛苦，没有很多时间可以陪伴女朋友。为了尽量陪伴张雅，每天辛苦工作之后的高峰，晚上下班后还会用手机跟张雅彼此倾诉到很晚才睡，结果有一天一时上班打瞌睡的高峰，被人盗走一部手机，他知道必须用自己的工资去赔偿老板。没想到张雅听说此事后，用自己的钱，给高峰买了一部手机让他赔偿给手机店。

高峰感动万分，发誓以后一定要给张雅幸福和快乐。那段时间，贫寒的高峰跟张雅，的确很快乐。

但是有一天，高峰接到张雅的手机短信："高峰，我们分手吧。你对我太好了，但我没有什么学历，也没有什么本事，跟你在一起，我帮不了你，只能给你增加负担。"高峰连忙拨打张雅的电话，听到的却是"您拨打的电话已关机"。赶去张雅的单位，她的同事说张雅前一天已经辞职，不知去向。

高峰明白，张雅虽然也爱自己，但自己目前的处境，给不了她想要的幸福。于是高峰把这段爱深深地埋在心里，就这样结束了他的初恋。

后来高峰全力拼搏，成为公司里最好的业务员，在得到老总器重的同时，他又一次收获了自己的爱情。

高峰一次去相关公司取资料，对方公司一个女孩很认真，她认为高峰所持的手续不够齐备，坚持不肯让高峰带走资料。高峰觉得她是在为难自己，这让高峰感觉很无辜，但同时那个女孩认真的态度和风度也吸引了高峰，这个女孩叫于丽。慢慢地，工作接触多了，高峰跟于丽熟悉起来，了解了于丽更多，也越发被于丽吸引。

于丽是个很要强的女孩，一心一意想要做出一番成绩。当她遇到工作上的不顺、同事的误解或者客户的刁难，让她脆弱的内心无法承受时，她总是一个人偷偷地去洗手间哭泣，但在别人面前装出一副若无其事的样子，不想让人看出她的柔弱。高峰发现了于丽个性中这样坚强中带着的柔弱，更让他有心要保护于丽，就想方设法地去接近于丽。

一次过年，于丽想要回家探亲，车票一票难求。高峰没有提前告诉于丽，半夜起床，去排了好几个小时的队，才帮于丽买到一张卧铺票，想给于丽一个惊喜。

等到把于丽送上车，高峰才敢发短信，向于丽表示了自己对她的情感。于丽答应过年回来回答高峰。在焦急等待中过完这个年的高峰，终于得到了于丽的爱。

正当高峰为两个人的幸福明天设想着美好的前景的时候，老家来电话说高峰爷爷生了重病，急需用钱，让高峰想办法筹钱。

一边是正企盼着跟高峰共度美好未来的女朋友，一边是从小对他宠爱有加、如今身患重病的爷爷，高峰陷入了两难之中。他只能先暂时放下心爱的女友，赶回家照顾病重的爷爷。

爷爷病逝后，高峰又回到北京，于丽还是一如既往地爱着他。但高峰因为工作竞争压力太大，选择了辞职，而几乎同时，于丽也选择了辞职，回老家去进修一年，等待高峰的好消息。

高峰发现，经济形势的严峻影响到了自己的工作，找到一份高薪的工作更难了，他觉得一时半会他给不了于丽幸福。而深知于丽个性的他，知道如果他提出分手，于丽一定不会放弃，于是他找来一个朋友帮忙，假装不再爱于丽，果然于丽提出跟高峰分手。但高峰没有想到的是，高傲的于丽为了爱，居然可以放下自尊，回过头提出两个人复合。高峰痛苦自己不能给于丽幸福，于是狠心跟于丽说自己已经爱上别人，彻底伤害了于丽，他们分手了。

当高峰看到于丽的QQ日志里写着找到了相爱的男朋友，相册里贴着她跟男朋友幸福快乐的相片时，内心隐隐作痛的同时，他也为于丽感到高兴，因为自己的舍弃，让于丽有了今天的幸福。

一天，高峰接到很久没有联系的张雅的 E - mail，里面有她跟她的儿子的照片，信中说："高峰，我们曾经说过，我们都一定要幸福快乐。现在，我已经得到了自己的快乐幸福，你幸福吗?"

高峰在心里说："你们都幸福了，我就幸福了!"

在我们一生中，总有某些人、某些事留在我们生命的深处。当我们遇到一个值得用心去爱的人，我们是幸福的，但当我们因为种种原因，无法相伴相守，那时也许还有牵挂，也许还有不舍，但也许，放手也是一种祝福，成全他人也是成全自己的幸福。

当我们再也没有爱下去的理由的时候，当她要的你给不了、当你给她的不是她想要的，当你的承诺被她不屑地揉碎扔掉的时候，爱到最后变成了悲剧，两个人相互伤害、相互指责，那么不如选择放弃、选择忘记，虽然内心感到哀伤，感到伤痛，但总好过彼此在伤害中度过一生，不如放手让对方去寻找自己的幸福，这样，你也可以去寻找你的幸福快乐。

所有的伤口都能最终愈合，所有的错过都会成全另一段不应错过的人生。

男人的天性就应该昂首挺胸，骄傲而无所畏惧，相信自己，相信梦想，你最终会用自己的成全证明自己内心的博大，用自己的成全证明自己内心深沉的爱，你也终会得到你想要的幸福。

后悔而哀：
——感伤之余多总结，吃一堑还能长一智

人生是一个不可重来的过程，每一个选择，可能会产生不同的结果。也许你永远幸福，因为你找到了自己想要的一切；也可能是你最大的悲哀，因为你放弃了更多的选择的机会。当你感觉自己做出了错

误的判断和选择，并为此承受委屈和痛苦的时候，认真地思索自己所做的一切，从中总结经验和教训，也许会在后悔中收获到你今后幸福生活的种子。

据说很多走到生命终点的病人，最后悔的五件事是：

一、我希望当初选择自己想要的生活，而不是别人给我安排的

当人们站在生命的尽头，才发现很多梦想没有实现，自己完全可以按照自己的想法去生活，而不是按照家长或者其他人的要求而安排自己的一生。

二、我希望我没有用这么多的时间放在工作上，而能给我的家人更多的关爱

很多人错过了孩子的成长，失去了陪伴爱人的时间，只为专心一意地工作，到头来才发现给工作的时间太多，给家人的时间太少。

三、我希望当初我有更多勇气去表达自己的心意和感受

很多人为了所谓的中庸之道，把自己的内心藏起来或者压抑着，很多疾病的产生往往跟情绪的压抑有关。

四、我希望当初跟朋友保持更紧密的联系

很多人忙于日常大大小小的事务，忽略了友情的可贵，也许生命的终结才会想起曾经无忧无虑的朋友和友情的珍贵。

五、我希望自己当初更开心些

很多人直到生命的尽头，才发现自己习惯于掩饰自己的内心，喜怒哀乐都是伪装出来的，也许直到最后才发现，真诚的快乐才是真的快乐。

所以，每个年轻或者还在活着的人们，不要让自己直到这样的时候，才后悔自己的一生这样度过了。

很多男人在身处逆境的时候,往往会踏踏实实、勤勤恳恳,吃苦耐劳、任劳任怨,一步一个脚印地朝前走;但人性有时候真的有很丑陋的、见不得人的一面,当人们顺利时、风光时就往往表现出来,趾高气扬、忘乎所以,甚至抛弃掉生命中最重要的东西,也因此做出很多事,最终令他们自己追悔莫及,成为自己一生的痛。

时光飞逝,往事终究已成往事,无论如何我们都已经回不到过去了,如果有后悔药可以买到,相信很多人都会倾尽所有去吃后悔药,换回时光倒流,回到当初的那天,在心爱的人转身的瞬间,拉住她的手,跟她说"别离开我啊,我爱你!"或者在自己做错事的那天重新活过一回,改写自己的历史。

可是人世间终归没有后悔药可以吃。

张岩是一个成功的企业家,但他自己觉得自己再也没有幸福,因为他亲手葬送了自己的幸福时光,给自己酿下一杯苦酒。

张岩的前妻李萍是他的同事,比他早一年进单位。就在张岩进单位以后,什么都不懂、两眼一抹黑的时候,李萍热情地帮助他,手把手地教他,从一点一滴的事情做起。

张岩的胃不好,李萍经常提醒他按时吃饭,还从家里带好吃的给他。甚至当李萍听说张岩特别爱吃煎饼,还特意去请教一个摊煎饼的大娘怎么做煎饼,然后常常早上六点就起床,摊好煎饼卷好菜,放在保温桶里带到单位给张岩。

李萍的性格温婉宁静,张岩感觉李萍就像是他的一个亲人,两年的同事之后,他们相恋最终走到了婚姻殿堂。

别人都夸李萍是个贤妻良母,婚后的张岩在家里享受着李萍对他和孩子的照顾,他们的儿子三年幼儿园,李萍一次没有让张岩去接过孩子。他们的生活平静、祥和，很多人都很羡慕他们一家人的生活。

张岩后来决心下海做生意，李萍表示，只要他想好了去做什么都支持他。李萍的话坚定了张岩的决心。

但几年以后，他几十万的贷款被人骗走，公司几个高管又集体跳槽，带走了公司的客户资源。张岩感觉仿佛天塌下来了，心灰意冷。当他独自坐在书房，李萍悄悄走到他身边，把一只手放在他肩上，好像在给他支持。张岩把一切都告诉了妻子。李萍一声不吭地默默听着张岩的倾诉，最终对张岩说："你无论做什么，我都支持你。就是你都赔光了，我还有工作，我们家也都不会饿死。" 张岩最终东山再起。

日子好过之后，他认识了一个年轻女孩林红。林红名校毕业，性格活泼，青春焕发，很是吸引张岩。张岩冲动之下跟林红发生了关系。他不想破坏自己的家庭，没想到林红一定要跟他结婚，并声称如果他不跟自己结婚，就一辈子不嫁人。

张岩内心很矛盾，一方面他爱自己的家，李萍也没有过错，是个好妻子；一方面他被年轻貌美的林红所吸引。无奈之下他跟李萍谈了此事，他以为李萍会跟他发火，没想到李萍冷静地跟他说让他慎重考虑，无论如何，都不会让他为难。最终张岩选择了离婚，半年内就跟林红结婚了。

张岩对李萍感觉很愧疚，一直让朋友劝李萍早日结婚。后来他才听儿子说，离婚之后，李萍连续三天三夜躺在床上不吃不喝。几年以后，李萍才跟一个退休教师结婚了。

林红跟张岩结婚后，就不再上班，炒股票、逛街、美容、打牌，成了她全部的生活，家里有保姆打理。张岩当时自己觉得有这么一个年轻貌美的太太也是他自己魅力的象征,所以也挺得意。

若不是后来一场大病,张岩永远想不到问题所在。一天上班张岩忽然晕倒,当地医院检查的结果是,他的病很奇怪,建议去北京上海治疗。林红听大夫说完医院结论,就离开了病房,张岩公司的员工陪他度过了转院前的那个晚上。

当第二天早上儿子给他送饭,看着饭盒里曾经十分熟悉的炸酱面和摞在一起的煎饼,他眼睛湿润了。

林红来到病房,神情落寞。张岩以为她担心自己的病情,安慰她说别担心。结果林红的表情说明她另有其他话要说,最终林红说出来,怕张岩有意外,希望他在转院去北京之前,先写遗嘱。

张岩这时候才明白,林红当初嫁给他,不是爱他,是爱他的钱。

结果张岩到北京一检查,医院说他没有什么大病,这时候的林红才赶到北京,痛哭流涕地请张岩原谅她,说那些话是她妈妈让她说的。

张岩内心已经很明了,他只有拼命工作,仿佛这样才可以忘记了当初他自己错误的选择。如果有后悔药卖,他愿意倾家荡产换取这样的后悔药,让他回到最初那个温暖的家里,但他知道,悔之晚矣,不可能了。

每个人做事理所应当三思而行,如果做了,就别后悔,但应该反思。后悔是自责、自愧和内疚,会毁了自己的自信;而反思是在自我批评进取。当你做错了事情,走错了道路,选错了答案,就该在反思中积极寻找正确的答案,吃一堑长一智,让自己在失败的教训中去学会成长,只有这样,你才能成为女人可以依靠的支撑。

不顺而哀：

——道路不顺伤感无错，调整过后重头再来

　　人的一生，各自的际遇不同。顺的人生也许大致类似，而不顺的人生则各自不同。如果因为人生道路的不顺而感觉伤感，并不是大奸大恶的过错，只要用心调整自己，找到合适的发展道路，你就可以重新走上迈向成功的道路。

　　人生际遇不同，从而有着种种不同的结果，有人成功，有人失败，特别是在社会跌宕起伏的时候，人的命运也更加难测。总体来说，顺势而为，就更加有顺的可能。

　　人类曾经梦寐以求能够像鸟一样飞上蓝天，所以古人曾经在胳膊上绑上人造的翅膀，从高处往下飞，但最终无法成功，因为人没有飞翔的能力。只有当新材料和新能源诞生以后，人类才能借助这一切而实现了飞翔的梦想。这就是顺势而为。

　　每个时代有各自的特点，就如同唐诗宋词、楚辞元曲，都有各自的时代特色，我们必须适应时代的发展，积极地投身参与，否则就会被时代所淘汰。就比如炒股，股价低买高走，这就是随大势。如果你觉得自己有自己独立的想法，一定要逆势而为，就会艰难重重。所以，想要人生的路走得顺，首先必须把握大势，顺势而为。

有的男人精明强干,做事能力强,却总是郁郁不得志,细细留意观察,这样的人总是潜意识里觉得自己比同事甚至比老板都能干,总是看到别人的不足,看不到自己的问题。有的男人觉得自己总是不顺,常常有人给自己找碴儿,有许多是因为自己个性孤傲或者自命不凡才会有这样的想法。个性虽然值得尊重,但人处于群体当中,为了实现整体的目标,也同时成就自己的梦想,塑造良好的性格,使自己的个性更有弹性,学会大丈夫能屈能伸,必要的妥协和让步是必需的,这是人生和顺的一种境界。

顺应时代的潮流,不断学习、不断进取、不断创新,否则就会跟不上时代的发展,尤其在社会发展日新月异的今天。有些男人说"我从来就是这个样子",这样的人是无法把握新事物,甚至会跟不上周围环境的变化,就容易在方方面面横生枝节,做什么都不顺利。

也有些男人,个性过于追求完美,希望一切如自己所愿,但当环境不符合自己心意时,无法调适自己,跟周围展开良好互动,也会造成一切都不顺的感觉。

刘宁个性刚强,担任某企业领导职务。他在部队养成了严肃认真的良好作风,同时为人严谨的个性又使得他对任何事都更加一丝不苟,眼里容不得沙子。刘宁的手下都有些怕他,因为如果出错,刘宁的态度绝不会客气。当然,他们也知道,刘宁对自己要求更加严格。

刘宁的妻子当初跟刘宁一起,都在部队工作。所以当刘宁的妻子生下儿子小凡,因为部队工作的特殊性,不方便带着小凡在部队里,就只好把小凡送到农村的外公外婆家,托外公外婆照管小凡。

后来刘宁和妻子从部队转业后,来到地方工作,才把已经十四五岁的小凡从外公外婆家接了回来,一家三口终于团聚在一起,很多人都觉得这是件大好事，但刘宁的脸色反而越来越难看。

原来，因为小凡长期在农村长大，又被外公外婆格外宠爱，所以养成了很多坏习惯。比如吃饭不喜欢坐在餐桌上，而是喜欢端着饭碗蹲在地上吃；碗底总是剩下些饭菜就不吃了，吃过饭也不知道把饭碗帮助爸妈收拾好，更别说主动洗碗刷锅了；不喜欢洗澡换衣服，爸妈不催他，他就不洗澡，而且自己也不会洗衣服，连脏袜子也随便往其他衣服里面一丢，弄得衣服上都是小凡的臭脚丫子的脚汗味儿；上卫生间不习惯关门，而且不喜欢坐马桶，说那样他方便不出来，所以经常穿鞋子蹲在抽水马桶的坐垫上，把洁白的洁具上面弄得满是脚印……

刘宁的妻子觉得孩子好容易才跟父母在一起，所以不忍心说儿子什么，刘宁却觉得这样绝对无法容忍，于是他矫正了儿子很多次，又都没有什么效果。儿子觉得刘宁不近人情，刘宁觉得儿子不可救药，以至于弄得父子俩形同陌路，妻子想劝刘宁，最终没有结果，反而影响了夫妻俩的感情，刘宁的脾气越来越暴躁，最终刘宁愤而离家，亲密的一家人各奔东西。

在漫长的人生中，我们总会遇到各种各样的困难和挫折。我们必须找到合适的对策，才能帮自己走出困境，从而战胜困难，赢得最终的成功和幸福。

怎样帮自己找到合适的方式，让自己的人生之路变得顺畅？

一、寻找一份成功的希望

人只有充满希望，才会有生活的激情，才能有足够的信心和理由，打起精神来克服困难。一旦没有了希望，就会失去了精神支柱，也就失去了奋斗的勇气。而只要心中充满希望，即使不能马上实现，我们也会感受到希望的鼓舞，增添很多奋斗下去的勇气。

二、不必为一时一事而过分认真和计较

人生不如意事十之八九，谁都难免碰到烦恼和挫折，我们不必太认真，也没有必要过分计较。我们应该想到，烦恼不会一直存在，我们总可以找到解决问题的方式。即使不被别人理解，我们也要寻找让自己快乐的方式和理由，在失败的时候敢于面对自己，反思自己，检讨自己的错误，然后通过不断地学习，充实自己、提高自己，就能最终实现自己的梦想。

三、用积极的态度面对人生

这个世界原本没有什么是十全十美的，因此我们也不必对自己的人生总是感到失望和沮丧，我们应该相信，只要我们不断努力，也就不断会有收获。如果我们用抱怨和不满对待人生，烦恼就会充满了我们生活的空间，压得我们喘不过气来。我们不必拿自己去跟那些所谓的成功人士过于比较，只要我们有坚定的信念，我们也有成功的希望。生活不可能每时每刻都十分美好，但只要我们脚踏实地，现在和将来才是我们需要努力和把握的方向，明天就永远会比今天更好。

四、改正自己个性中不顺的方面

每个人都有自己独特的个性，本身无所谓对错优劣。但人身处社会之中，有些个性过于张扬，心高气傲的人，就比较不容于他人，这样的情况下，为了想要自己的人生更顺遂，就必须对自己个性中过于孤傲的方面加以纠正，让自己变得更加外圆内方，在坚持自己原则的前提下，尽量能够更容人一些。

人生的路九转十八弯，没有一条笔直的，总要经历坎坷和曲折。找到合适的角度去转弯，就是顺应，也就是一种适应。有人把人生的

道路用字母来表示，V 代表了从挫折走向成功，从消极到积极，走过一段向下发展的路然后转弯，最终到达成功的顶端；N 代表了原有的道路出现问题，需要拐过一段弯路，然后重新走上正轨，最终成功到达；而 W，代表了人生的道路往往经历很多曲折，经历更多磨难、尝尽更多艰辛，最终在不断地进取中走向成功。

当我们换一种心态去思考，就会发现，人生远远没有你想象的糟糕。塞翁失马，焉知非福？没有人可以一帆风顺，经历挫折和坎坷是很多人的人生都必经的道路。一个男人，用积极的心去面对人生，不再抱怨生活的磨难、曲折和不公，不再哀叹自己的挫折、痛苦和不幸，才能在走过世间的繁华与喧嚣，阅尽世事之后，微笑着面对生活，面对人生。

无果而哀：
——为无果而哀恸，说明心中还有完美信念

很多人都曾经想要自己的爱情能够海枯石烂、天长地久。但情路漫漫，谁也不知道在哪个转弯，我们就可能失去了我们一心相守的爱情。当情感无果而终，我们为此而感觉痛彻心扉的哀恸，但也同时让我们看到希望，说明我们没有同时失去一颗爱人的心，为美好的爱坚守一生的心会让我们重新找到真爱。

感情是让人看不到、摸不着,却深藏在我们内心的东西,能够控制我们的思维,掌控我们的情绪。可以让人须臾内心火热,也可以让人片刻内心冰冷,不受自己控制,跟逻辑无关。尤其是涉及男女之间的情感,就更毫无逻辑可言。即使是知道走错了路,也会义无反顾地走下去。

感情是维系每个人跟身边的亲人、爱人、朋友的亲密关系的纽带,也无法计算投入产出比,你付出的爱跟你得到的情不一定能成正比。无论爱情、友情、亲情,都需要付出真情去维护,如果只想得到不想付出,这样的感情就决不可能开花结果,就永远得不到真情。

但有时候,有些人付出了很多,但事情依然不受控制地向另外的方向发展,一场投入的情感变成了无果而终的故事,内心的哀恸只有自己清楚地感受着。

张肃从外地农村考进北京一所名牌学校,作为他们县的文科状元,当时的张肃觉得自己很风光。但进了学校,张肃发现很多家里条件好的同学根本不拿学习当回事,才知道自己只能凭自己的努力而给自己争取一席之地,他觉得内心很可悲。等到毕业的时候,他拿着精心准备的个人资料,穿梭于各个招聘场馆和一些公司时,看多了别人的白眼,内心更加觉得没有底气。

终于功夫不负有心人,张肃找到了一份北京公司的工作,可以解决北京户口,但工资收入很低,而且合同一签五年。张肃只能接受这样的条件,否则他知道自己很难在北京落脚下来。

进公司后张肃更加明白,他这样的员工,拿着公司最低的工资,但得最努力,才有可能逐步升迁,争取到更多的权益。一心想着怎么能在工作上一展身手的张肃整天忙于应付工作,没有时间去考虑个人问题，加上他没房没车、也不高不帅的外形、因自卑而显得有些懦弱甚至萎靡的个性，也没有哪个女孩子关注张肃，甚至也没有什么关系密切的朋友能够帮他。

一晃张肃进公司三年多了，他也26岁了，按照在他们家乡的习惯，张肃这个岁数的人早都娶妻生子了，家里也一直在催张肃的婚事。张肃身边找不到合适结婚的人，不得已，去了网上的一个婚恋公司，参加相亲活动。若干次的失败经历之后，张肃终于找到一个让他有感觉的女孩，但他不确定那个女孩是否跟他自己一样，也对建立长期的交往并进入婚姻有兴趣，好像觉得那个女孩对自己很冷，有时候似乎又像是对他有兴趣的样子。

内心自卑的张肃不敢去求教于身边的同事，只能到网上去看别人的恋爱经验，甚至参加了一个有关星座的QQ群，去看他自己这个水瓶男跟新结识的摩羯女是否有缘。有人说这两个星座没有好结果，张肃就感觉内心一凉，有人说身边也有水瓶男跟摩羯女很幸福的例子，张肃又重新有了信心。张肃每天跟女朋友有了什么新进展，甚至发了什么短信，电话里聊了什么，也都到群里去发布一下，听听大家的评价。

紧张的大半年过去了，张肃的感情似乎没有什么进展，那个女孩还是忽冷忽热地对他，高兴的时候会主动给他打个电话，东拉西扯一通；不高兴的时候，电话不接，短信也不过就是寥寥几个字。

终于有一天，张肃发现，那个女孩可能跟旧男友的关系又死灰复燃了，这时候张肃才知道，自己在别人的关系里，只是被人当了一回备胎。张肃感觉十分沮丧，甚至感觉很悲哀，平生第一次认认真真的恋爱，就这样莫名其妙地无果而终了。

每个人都有自己特定的角色，在人生舞台上演绎着自己的故事。

当一个人无意中介入了别人的故事,在为别人量身定做的故事里扮演一个没有身份的角色,这样的情况下,你的境况肯定无疑是悲哀的,也几乎大多是以悲剧收场。因为那个故事原本没有你的位置,你也只能是无关紧要、可有可无的插曲,又怎能有一场精彩的大戏等待着你呢?既然委屈也无法求全,不如勇敢地防守,潇洒地走开,去寻找自己的人生大舞台,出演自己的男一号。

感情并没有绝对的对与错、是与非,也不需要白纸黑字的合同,只要有人走入你心里,你就会产生爱慕、依恋、思念等感觉,你可以感觉自己内心的种种滋味,甚至能够听到对方那个瞬间的心跳声。

爱不一定有结果,有些感情,开花结果;有些感情,无果而终。无论结果如何,那都是你的人生。

但为了避免自己被这种无果而终的感情伤害并因此感到哀伤,我们就应该设法避免这种情形的出现。

一、对自己充满自信

如果你连自己都不相信,又怎么可能让女人对你有信心?如果你自己都不觉得自己是个可以依靠的人,又怎么能给女人温暖?良好的心态是建立良好的关系的基础。

二、找好自己的剧本

不要进入别人的故事去充当配角,那样的故事里没有你的角色,即使插进去,也难以成为主角,不如去寻找你自己的舞台和剧本,轰轰烈烈地演一场人生大戏。

三、寻找合适自己的 No.1

感情不是独角戏,不是一个人就可以演出的,得有合适跟你配戏的对手,才可能有更精彩的故事上演。碰到你心仪的对手,也许这场戏就可以演到人生落下大幕。

四、分清感觉和感情

男女之间最难把握的就是感觉与感情的界限，感情很容易跟感觉混淆。两者没有明显的分界，也不会有完全的交集。感觉可能是一时一事的，而感情是更长久的、建立在良好感觉基础之上的东西。要弄清自己对对方是有感觉，还是有感情；同时也要弄清楚自己在对方那儿是什么样的一种状况。这样会对下一步的发展做好充分准备。在感觉还没有转换为感情时，要把握好它们之间的尺度。

五、如果感情无果而终，也要坦然面对

很多情感经历无果而终的人，总会有意无意地去寻找一个答案，这种过程近乎一种自我折磨。无论答案是正面还是负面的，是肯定还是否定的，都无法改变什么。如果这段感情值得回味，就为自己曾经拥有这样一段情缘而感谢上苍，然后等待下一次生命中美好的邂逅。

没落而哀：
——没落不可怕，可怕的是从此再也站不起来

许多情况下，这个世界对于男人的要求是成功、自信，事业有成。一旦他事业陷入低谷，自己也感觉自己身上的雄风不再，失意、颓唐，像一个哀怨的妇人。这样的男人怎么能够承担家的重任、爱的寄托？所以，没落本身不可怕，怕的是跌倒了，就此站不起来。

有些人，尤其是一些成功人士，人到中年以后，会忽然感到某种困惑，不知道怎么才能让自己有更高的追求，总觉得对未来的期待越来越少，人不找病病找人，不知道什么才能让自己找回从前的激情，也无法把自己几十年的积累变成一个奋发的新起点，自己是走向没落还是向更高的目标迈进，总觉得身不由己，无法化腐朽为神奇。

尤其是一些经历过成功的男人，在自己的事业落入低谷的时候，就更加感觉心灰意冷，做什么都提不起精神来。当我们看到一个没有激情、行动迟缓、身体发福、说话有气无力、做事没有锋芒、干什么都提不起兴趣、对周围的人都漠不关心的男人，就能猜测到，他就是我们所说的，曾经成功而走向没落的男人，活着仿佛只剩下一口气，这样的男人，身边的亲友已会感觉失望，妻子离他而去也是情理之中。没有人愿意守在这样的男人身边，呼吸他散发出来的腐朽的气息。

杨伟曾经事业做得挺不错，身为一家代理国外电器产品的小公司的老总，虽然不说他的事业做得有多大，但是公司业务井井有条，蒸蒸日上，他自己有房有车，日子过得挺滋润的。更重要的是杨伟有一个幸福的家庭，排行老九的妻子虽然是家中的小女儿，但个性温婉，跟杨伟感情很好，他们曾经在亲友圈里是出名的模范夫妻，他做北大教授的岳父曾经深为自己的女儿女婿骄傲，让其他姐姐、姐夫以他们为榜样。他们的儿子也要中考了，儿子学习很好，从不让他们夫妇操心。

事业顺畅、家庭和睦的杨伟忽然有一天不满足自己这样的生活了，觉得一生这么平平淡淡地也挺没有意思。他开始出去过声色犬马的生活，但表面看他对妻子更体贴了。直到有一天他在海南一家俱乐部遇到了中专实习的服务员饶平，杨伟觉得自己又遇到了人生的追求目标，于是把饶平接到自己身边，给她租房，并承担她全部费用，让她去读大学。

杨伟的妻子从家中一套房子的租金杨伟一直没有拿回家而发现了蛛丝马迹，而早先儿子跟她说看到父亲好像跟一个年轻女孩在一起，并没有让一贯信任丈夫的她觉得有问题。

没想到杨伟居然为了这个年轻的女孩，提出跟妻子离婚，甚至宁可净身出户。杨伟周围的合作伙伴和朋友，都对杨伟的做法很不以为然，觉得他为了一个年轻得可以做他女儿的小三而跟结发妻子离婚，实在缺乏理智，因此也影响到了杨伟的生意，但杨伟执迷不悟。连他自己的亲弟妹，之前很羡慕他跟嫂子的幸福生活，也因为他背叛了自己的家而跟他断绝了来往。

结果，杨伟终于离婚了。他善良的妻子不忍心他两手空空，替他着想，担心他的新妻子因为他没有钱就会离开他，主动把杨伟原来答应全留给她的两套高级公寓房其中的一套，给了杨伟。而杨伟则很快把自己分到的一套房低价卖了，丢下了自己的公司，跟年轻的新太太去了她的家乡。

若干时间后，杨伟卖房的钱也被他跟新妻子挥霍一空。他的年轻妻子跟他很快离了婚，嫁给一个年轻的老板做了太太。杨伟孑然一身地回到京城。

杨伟这时想重操旧业，于是才跟很久没有联系的合作伙伴和供货商联系，但对方都因为杨伟的表现而觉得他已经失去理智，变得不再是一个成熟睿智的男人，所以也都跟他断了联系。杨伟先前失信于人，现在真感觉赔了夫人又折兵，他无法接受自己的失败，彻底失去了先前的精气神，变得萎靡不振，只能靠姐姐的接济过日子，整日浑浑噩噩，酗酒度日，在酒精的麻醉下日复一日，年复一年。

有人说男人征服世界，女人靠征服男人来征服世界。所以女人只会对具有王者风范的强者才会感到崇拜，只会选择强者做偶像。对于饱经世事沧桑、对一切明察秋毫的男人来说，女人是他所有财富中最大的一笔"财富"。让心爱的女人能够生活幸福快乐，是男人最重要的一件事。哪怕卑微的男人，内心也有爱，哪怕最凶残的男人，也会对好女人非常温柔。好女人可以帮助男人成长，她们是男人成长的起点和终点。而女人一生所需要的，就是男人深沉的爱和宽厚的包容织成的温情之网，会让女人即使飞蛾扑火也心甘情愿。

女人崇拜男人，是因为男人有力量和勇气。如果一个男人遭遇了事业的变故，走入了事业的低谷，只是哀哀戚戚，萎靡不振，又怎能给自己的女人和家庭撑起一片天，如果男人不能再度重振雄风，又怎能让女人在他面前尽显女人的娇媚和柔情？

男人怎样走出低谷，不让自己一时的失败成为没落？

一、寻找适合的方式让自己减压

相信自己，寻找自己觉得能放松的方式让自己思考、冷静，然后崛起，女人也应该给男人这样一片安静的天地，不要用自己的唠叨让男人备受煎熬。

二、充分感受家庭的温馨

当男人事业失意，往往选择逃避一切深爱他和他深爱的人。这时候，多想想你的家庭，爱你的妻子和崇拜你的孩子，多留意家中的温暖和温馨，把平时关注于工作的目光放在家里，让自己寻找家庭的支持和帮助的力量；女人也应该在这时，给男人以更多的安抚。

三、学会跟身边的人倾诉

不要有什么问题都自己扛着，有时候有人分担你的问题和情绪，可能会帮助男人适当地减压，不要急于逃避；而女人，也应该在适当的时候做一个好的倾听者，让你的男人把内心的沮丧说出来，而不是给他更多压力。

四、不要轻易否定自己

男人普遍看重自己的能力和成就，习惯于用行动来展示自己的力量，以获得的成果来证明自己的价值，一旦遭遇挫折，就会对自己存在的价值产生怀疑。这种情况下，男人需要给自己一些积极的心理暗示，也可以找朋友帮忙积极解决问题；而妻子此时，不要去教导丈夫应该如何如何，你的善解人意和对他的鼓励都更为重要。

五、不要丧失斗志

心理学家卡瑟拉博士说他自己有一种方式，可以帮哑巴说话，让灰心的人展露笑容，这种方法叫作"真诚鼓舞的力量"。一个男人，失败了不要紧，落魄了也不要紧，永远也不要丧失了自己的斗志，让自己永远积极地面对生活，妻子也应当给予自己的丈夫适当的鼓励，让他知道你浓浓的爱意。

末路而哀：
——早知如此，何必当初

有些男人，因为内心的自私、贪婪或者凶恶，也或者可能因为周围环境对他的恶劣影响，做下很多错事、恶事，最终犯下很多罪恶，直到有一天，再也没有前路可走，只能在穷途末路上悲叹自己的命运，这样的下场，即使悔不当初，也无济于事了。

如果一个男人能够用积极的心态面对世界、面对世人、面对自己，随时随地感受到积极向上的生机和力量，觉得自己将有更长久更美好的路，那么即使面对困难，他也会能够忍受和克服，并愿意更高地要求自己，让自己更有勇气和信心在恶劣的环境中挑战环境、战胜自我，就在末路中看到光明。

为什么我们很多事都做得不够好，为什么我们看不到自己的价值？我们想要变成怎样的人？是一个勇士还是一个懦夫，是一个内心纯良的好人，还是一个内心卑污的恶人？如果我们自私贪婪，就无法感知其他人的内心世界，最终可能就会把自己推上绝路。

我们只有保持善良正直的内心，才有可能把自己塑造成一个对国家、对社会、对他人有所帮助的人。当然，最大的受益者是我们自己。

一个劫匪，坐牢、杀人、抢银行，罪恶昭彰。

他在一个小储蓄所遇到了他没料到的抵抗，两个储蓄员一个被枪杀，另一个被他劫持。警车一路狂追，劫匪玩命地逃跑，又撞到很多人，轧了很多小摊。储蓄员是一个二十刚出头的女孩，她没有父母，她哥哥卖血供她上学，毕业后千方百计托人送礼，好不容易才得到这份工作。

她悄悄流泪，觉得自己没有生还的希望了。

劫匪最终被警车包围。警察喊话让他放下武器，放开人质。劫匪说："反正我也活不了，无所谓了！"

年轻的女储蓄员流泪了。

劫匪问她："你害怕了？"

她摇摇头说："我只是觉得对不起我哥。我没有父母了，是我哥把我带大，又为了给我凑学费，我哥哥卖血供我上学。为了我，他都快三十了，还没有成家呢！"

劫匪的身上不仅有枪，还绑着雷管和炸药，他随时可以把整个车炸飞了，但他忽然想跟人说会儿话。他不理会警察，只跟女孩说着她哥哥。

因为劫匪自己也有个妹妹，父母离婚了，也是他供妹妹上学，他不想让自己的妹妹知道他成了杀人犯。

女孩跟他讲着自己小时候的故事，哥哥怎么照顾她，一边说一边流泪。

劫匪忽然觉得，这个世界是这么美好，但他没有机会了。他忽然把手机递给女孩，让她给哥哥打个电话。女孩明白，这是劫匪让她跟哥哥留下遗言了。

女孩似乎很平静地拨通电话："哥，你到家了？我们加班，别等我吃饭了，我不回家了。"

眼见着生离死别的话，让这个女孩说得这么平常，劫匪趴在方向盘上哭了。因为他妹妹也跟他说过同样的话，但他再也不可能听到妹妹这样说了。

劫匪突然跟女孩说："你走吧，赶紧走吧。"

女孩愣住了。

劫匪说："你快走！也许过一分钟我就后悔，你就没机会了！"

女孩简直像在做梦一样下了车，回头看了劫匪一眼。

她不知道，是她最后打给哥哥的那个电话，唤醒了劫匪心中仅存的善良，救了她的命！

女孩刚走没多远,就听到身后一声枪响,女孩回头一看,劫匪趴在方向盘上,头上流出鲜血。

很多人事后问她,她跟劫匪说什么了,他居然放了她。她说:"我跟我哥哥说'天冷了,你记得多穿点衣服。'"

她没有提到劫匪曾经掉泪,因为她觉得没有人会相信,这样一个冷血的劫匪居然会掉泪,但女孩觉得,这是善良的眼泪。

人,尤其是男人,无论遇到什么事,都应该积极勇敢地坦然面对所有的一切;要有足够的理智和冷静,去处理自己遇到的每一个难题。否则,一味地逃避现实,逃避内心对自己的评判,或者被贪欲所控制,只能加重自己心里的负担,最终可能落得一个无路可走的悲惨境地,到了这个时候,即使像故事里的劫匪一样,也许心里还留存某种善念,也无济于事了。

中国有句话叫作"船到桥头自然直",也有句话叫作"柳暗花明又一村",作为男人,必须想尽一切办法去救赎自己,不到最后一刻不能轻易放弃。也许有时候,你做了很多,却都无功而返,不由得有种穷途末路的感觉,但如果你自我放弃,就永远没有机会了。

某种意义上说,只要你活着,就会有希望,就不会走到末路。即使你觉得自己已经走到了末路,也许你再多努力一次,就会看到柳暗花明的下一个出口。

无助而哀：

——男人可以无助，但不能乞求施舍

无论什么人都会有感觉无助的时候，男人自然也不例外。但如果一个男人，在遭遇艰难困苦，感觉自己内心的脆弱的时候，只会靠求得别人的怜悯与施舍来聊以自慰的话，那么他的人生也未免太过于可悲了。

男人的确承受了很多很多，牙牙学步的时候，摔倒了爸爸妈妈不让男孩哭，说这样不像个男孩子；失恋时要学会默默承受痛苦而强装笑脸，否则会被人耻笑不像个男人；婚后的男人要学会照顾妻子，照顾孩子，不能让家人为你担心，不能让家人知道你面临的困境，不能让家人为生活而担忧；男人成功了是应该的，因为男人要养房供车，孩子要上好点的学校，妻子要穿名牌时装，家中的老人需要照顾赡养，所以男人得照顾家庭，也得重视事业，打工的怕失业，做官的想升迁，经商的希望自己发大财。

如果你三十不立、四十而惑的时候，妻子责怪你，周围的人们看不起你，老天爷不眷顾你……一事无成的男人只能夹着尾巴做人，而身居高位的男人又被教导应该低调。所以，男人感觉自己无助的时候可能其实很多很多。

尤其当一个男人，为一件事付出很大的努力，或者为某个人而付出很多的心血，却未必得到应有的回报。那样的情形让他们觉得内心有很深的挫败感，觉得自己无能为力、做人很失败，他们就会对自己感觉很失望，就会感觉最无助。

在这种情况下，男人内心的懦弱或者自卑就会充斥于他们的内心。久而久之，就习惯了怨天尤人，也可能就会用求得别人的施舍来让自己内心得到一些安慰。

张振和刘梅是通过网络相识的一对恋人。张振最初是一个有着自己的理想和追求的年轻人，他不想当官，不想发财，只希望能够娶一个温柔可爱的女人做妻子，然后两个人只要衣食无忧，就自由自在地生活，不以物质作为自己最大的追求。刘梅很欣赏张振这样淡泊名利的思想，觉得在这个物质的世界里，这样的一个男人是难能可贵的，所以她不顾父母的反对，远嫁他乡，嫁给了当时无论收入和地位都不如自己的张振。

结婚的时候，刘梅手里有一笔家里原来给她的钱，所以她没有要张振家给她任何的彩礼钱。就连婆婆给她的"改口费"，她也给了张振，让他付婚宴酒席的钱。

婚姻开始的时候他们俩是幸福的，两个人虽然没有很高的收入，但也足以衣食无忧，所以他们一起读书、听音乐、看电影，放假的时候就一起背包出去走走，两个人的日子过得有滋有味。

刘梅是个很不错的媳妇，除了跟张振性情相投、夫唱妇随之外，父母不在身边的她，把丈夫的父母当自己的父母一样孝顺着，当她公公生病的时候，她给老公公洗脚、按摩，把张振感动得直掉眼泪。

过了两三年的两人世界，双方家长都催促他们赶紧要一个孩子，于是他们生了一个漂亮可爱的小女儿，两个人都因为这个新生命的诞生而兴高采烈。

但时隔不久，孩子的奶粉钱、想上好幼儿园的择校费、想让孩子学音乐、想买钢琴……张振这个时候觉得，钱是如此重要啊！从此以后，张振就像变了一个人一样。

刘梅的父亲原来是级别很高的离休干部，所以老人家有高额的退休费。张振开始想方设法地让刘梅找自己的娘家要钱来补贴自己的小家。尤其当张振工作出现一次大的失误，被公司开除以后，张振一蹶不振，觉得自己陷入了孤立无援的地步，觉得没有人能够帮助自己。

这样无助的感觉之下，他又一次惦记起刘梅家里的钱，他跟刘梅说："你妈有钱啊，她生意做得那么顺风顺水，一年好几千万的收入！你爸还有那么高的离休金，你跟你爸妈要点钱怎么就不行啊?！咱们家的孩子都没有享受到姥姥姥爷的什么好处呢！你上次出国看你妹妹，花了那么多钱，你说这是你婚前财产，那不也是咱们家的钱吗？我原来是说过，不要你们家的钱，不靠任何人，但现在我没有钱，又丢了工作，问你们家要点怎么了？你就去找你爸妈说说呗！"

吵架之后，张振就在一边摆弄他新换的 iPhone 手机，跟什么事都没有发生一样，这样的事情已经不是第一次了，张振暴露出的自私让刘梅终于从许久压抑的痛苦中爆发出来，她哭成了一个泪人，不知道该不该跟这样一个自私的男人过一辈子！

一个男人，可以不那么成功，可以不假装伟大，不必非要承受很多原本不该承受的东西。男人可以无助，也可以展示自己的脆弱，可以宣泄自己的痛苦，但绝对不能因为无助而沦落到乞求施舍的地步，这样的男人才是最为可悲的！

第四张 疑，

怀疑猜忌要不得，多疑往往引火上身

——智慧的疑惑由复杂变清晰，愚蠢的疑惑由清晰变复杂

自古以来男人总是嘲笑女人一天到晚疑神疑鬼，其实在他们的世界里，也经常会有很多疑惑和猜忌，当这种猜忌慢慢地向深处蔓延，所造成的影响说不定要比女人大得多。这个世界在男人眼中要比女人现实得多，或许是因为他们的心思不够细腻，但又果敢地看到了前方的隐患和危险，他们比女人更有紧迫感，也更有警觉性，所以他们可以靠这种天生的秉性征服世界，但假如你是女人，愿意去了解他们的那些多疑和紧迫，那么你就可以靠征服一个男人征服整个世界了。

因学而疑：
——知识的疑惑，往往证明了男人的严谨

　　很多人现在有一种感觉，知识越来越多了，而自己的判断力越来越差了。事实上，喜欢学习和善于学习的人在工作中如果能够灵活运用所掌握的知识，工作的效果就会更好。知识对人类始终是有用的，掌握更多、更扎实的知识可以有助于我们为社会作出更大的贡献。一个男人，对知识的学习有一种渴求，即使为此感觉疑惑，也是男人治学严谨的表现。

　　通常情况下，很多人学习是为了获取知识、思想、情感，为了更好地生存，但是否能够达到目标，就要反思一下了。掌握正确的学习方式，而不是"读死书，死读书，读书死"。

　　现代社会，知识量越来越多，知识承载的工具越来越发达，知识的海洋可能淹没了我们自己，如果我们不能从越来越多的选择中找到合适的定位，做好自己的选择，我们可能无所适从。

　　人生就像一部电影，一帧画面连着一帧画面，但人生不能倒退，无法回放，所以我们必须走好每一步。

　　郭跃是一个生物化学研究所的研究生，平时他给人的感觉是不苟

言笑、过于严肃、较真儿，甚至有些呆板。

平常的日子里，郭跃几乎是三点一线，宿舍—研究室—食堂，周而复始，单位里一些年轻女孩私下里议论，郭跃除了会吃饭、会做课题，还会其他的什么呢？他不打球，不聊天，不跟其他年轻人扎堆一起玩，郭跃也没有女朋友，甚至没有什么要好的朋友、同学时常往来。大家都觉得郭跃活得也太无聊了。

可就是这样一个大家都觉得很无趣的郭跃，最近让人刮目相看了一回。

原来，郭跃的研究生导师李老先生是这个研究所里最著名的专家之一，连所长甚至更高层的领导，都对李老先生毕恭毕敬。

郭跃对老师的专业知识和治学严谨的作风也是佩服得五体投地，所以他平时就只听李老先生的安排去做事，其他人说什么他都置若罔闻，有时候连研究所的所长跟他说话，他都仿佛没有什么反应，所长也知道这师徒俩的"怪毛病"，不计较郭跃的态度了。

有一天，李老先生给郭跃安排了一个实验，郭跃就开始按照李老先生的要求做了下去。但做到一半，发现好像结果不是李老先生所要求的那样，他觉得哪里出了问题。于是郭跃又回过头来做检查，发现导师之前给的某种化学药剂的量有很大问题，实验进行下去，不光得不到应有的数据，还可能会产生某种危害。

郭跃跟李老先生说明了情况，李老先生也很固执，他觉得自己不可能出错，坚持让郭跃做下去。郭跃这次没有听从导师的安排，坚持自己的意见。李老先生一气之下，自己去做实验，差点酿成大错，幸亏郭跃早有准备，才没有更大的危害出现。

学习是一种良好的习惯，也是性情的陶冶，但学海无涯，想要把人类所掌握的知识全部学习到自己的头脑里，是绝无可能的一件事。所以，我们有必要在学习中常问自己几个问题，就能帮助自己掌握学习的重点和技巧，让学习到的知识帮助自己、提高自己，就可以帮助自己，在必要的时候解决难题，攻克难关，同时也能够帮助自己，不被专家、荣誉等响亮的东西吓倒，尊重科学、尊重知识，而不盲从。

如果所学的知识，在现实中不能给自己有益的帮助，让自己活得更快乐、更积极、更智慧，那学习就失去了相当一大部分的意义。

在学习中不断反思，从学习中学会学习，才是一个人个性严谨的表现。

一、我们应该学习什么

学海无涯，浩瀚的知识海洋无穷无尽，我们的学习，既不能太过于功利，只为眼前的需要所学；又不能贪多求大，什么都想装在脑子里。所以，根据自己自身的知识结构和工作需要，学习必须掌握的技能所需的知识，同时补充一些人类历史上有思想的前人的著作、学习未来发展可能需要的知识，都是必需的。

二、我们应该怎么学

不要远离了真正的人生和大自然，不要把自己禁锢于知识的大海里，不要让自己的生命力因为学习反而萎缩，不要因为虚荣而让自己去学习一些看起来华而不实的东西，应该让读书成为一种乐趣，让自己真正得到内心的充实和宁静。

三、我们应该学多少东西

无论学多学少，不要因为学习，反而剥夺了自己的自由，冷漠了自己的情感，不要让自己成为"百元一用"的那种读书人，让所有学到的东西，都成为自己的力量，都更加充实了自己，那么读书无论多少，都是有意义的。

四、我们应该向谁学

知识更多地来自于书本，但有很多实用的知识，来自于实践。所以我们不能一味地钻在书堆里，忘记了窗外的世界。我们应该跟身边聪明、睿智、富有思想的人们多接触，可以从他们身上学到很多书本上可能没有的东西，甚至"听君一席话，胜读十年书"，那样的学习更使我们获益匪浅。

一个男人，如果有了治学严谨的作风，就能在学术上独步一方，成为被人尊重的人。

反思而疑：
——反思自己，疑点就是自己要完善之处

每个人都在寻找生命的价值，感受生命的存在。只有通过对自己的切实反思，才能了解自己，对自己有充分的认识和正确的评价。对自己产生的疑问，是帮助自己扬长避短、完善自我的有效方式，可以让人生少些坎坷，多点收获。

反思自己，就是学会自我反省。就是说，提出自己的疑惑，在疑惑中反思自己的问题，然后找到解决问题的方式。

善于自我反省的男人，通常都很了解自己的优点和缺点，因此他们会很少犯错。因为他们时刻认真地检查自己，通过这个过程，可以真切地了解自己，跳出自身的角度，站在一个客观、坦诚、无私的角度，去审视自己的所作所为是否是最佳的行为。

自我反思的人们常常会思考，我的长处是什么，我能做什么，我该做什么，我为什么成功了，我为什么失败了，我做错了什么，这样一连串问题的答案，可以帮助他们自己找到自己的优势和劣势，思想变得更加成熟，从而为今后的行为作出更好的选择，打下良好的基础。

一天，一个年轻男人在街边的小店里打公用电话，小店老板看他用手捂着话筒，觉得这个年轻人的举动挺奇怪，就留意看着他。就听这个年轻人对着电话说："您好，请问是李先生家吗？我打电话，是来应征您府上的厨师。我有二级厨师证，工作经验也很丰富，手艺也很好，我做过的人家都对我的工作很满意，相信我一定能胜任您家里的工作，你们一定会对我感到满意。"电话那边回答说："先生，你打错电话了吧！我家的厨师很不错，他做事尽职尽责，很勤快，手艺也很好，我们没有打算招聘厨师啊！"

这位年轻人彬彬有礼地回答说："那对不起，我可能打错了。打扰了！"

旁边开始看着年轻人的小店老板听完年轻男人的电话，就对年轻男人说："这位小师傅，你是做厨师的，想要找厨师工作吗？我家亲戚开的餐馆正好要招厨师，要不我介绍你去我亲戚餐馆吧！"

年轻男人对小店老板表示了谢意，说："多谢您的好意了。其实我并不是真的要找工作，因为我就是李先生家里的厨师。我打电话过去，就是想知道，主人对我的工作是不是真的满意，合不合他们的标准，有没有什么问题。"

就像这个年轻的厨师一样，我们只有在工作和学习中不断自我反省，寻找自己的不足和缺点，才能使自己不断提高、不断进步。有不少男人，在现实生活中经常会感觉困惑，或者时常抱怨："我每天忙个不停，拼命地工作，怎么老板还是对我不满意，怎么我就不能成功呢?!"如同成功有很多因素的共同作用，其中最重要的是每个人自身不一样，一个人的失败往往更加取决于自己的缺点。我们必须学会自我反思、自我总结，不断地改正自己的缺点和错误，才能避免出现同样的错误，才能走出失败的怪圈，获得最后的成功。

自我反省，是人生的智慧之一，只有善于自我反省，才能让自己变得更加完美、更加优秀。一般来说，一个男人个性自信、开朗，往往会更坦然地看待和承任自己的优缺点，他们尊重自己的天性，也更有面对现实的勇气。他们知道每个人都有缺点和不足，即使是最优秀的人也是如此。因此，他们会在不断地自我反省中，坦然地面对自己存在的问题，正确地认识和评价自己，也就能够不断地提高自己。

寻找事情的真相、认识真实的自己、承认自己的错误和过失、处理好周围的一切、真诚地正对压力，就可以帮助你确定自己前进的方向，大踏步地迈向成功的终点。

我们应该怎样去反思自己呢?

一、反思自己的经历

把自己的经历梳理一遍，为的是看清自己哪一步走对了，哪一步走错了。然后主动校正自己的目标，好让明天的路可以走得更坚实、更稳健，也更容易走向成功。

二、检点自己的态度

检查自己的为人处世之道，看看自己说话做事的方式有没有什么问题，对待困难、看待名利的态度是否正确，可以让自己更明智、更清醒。

三、找出自己的问题

反省自己做错的事情，从自己失败的过去汲取教训，帮助自己避免再犯同样的错误，而且学会从错误的教训中学会更冷静的处世态度，从而学会举一反三，吃一堑，长多智。

四、寻找成功的目标

这个世界，有太多的诱惑，每个人都有自己不同的目标。反思自己，为的就是找准自己的目标，不在纷繁复杂的环境中迷失自己，向着自己的目标不断迈进。

如果一个男人，具有了这样自我反省的愿望和能力，就会在这种自省的过程中不断提高自己的能力，变得更聪明、更清醒、更睿智，那他今后的路将会越走越顺，成功的希望也就越来越大。这样一个男人，不正是女人想要寻找和依靠的坚实的臂膀吗！

防范而疑：

——别人设圈套，不随便跳的人最机智

无论我们生活的现实世界还是虚拟的网络世界，充满了林林总总、形形色色的欺诈和谎言。保持冷静的思考和充足的防范意识，是防止被不良之徒欺骗的必要措施和有效办法。

目前我们生活的世界，正处于国家经济发展的转型期，一方面人们思维活跃，新生事物多；另一方面，人心浮躁，功利主义、拜金主义的各种不良影响，使得某些人不愿意辛苦工作，妄图以各种不劳而获的方式，取得最大的利益，甚至不惜铤而走险，由此产生的各类诈骗、敲诈等犯罪也层出不穷。

现实中，有些人没有能够找到合适的另一半，于是想到婚姻介绍所去试试运气，但不承想，不良婚介用一些假冒的征婚者，来充当"婚托"，于是，少则数百，多则成千上万的钱交给婚介所，成为 VIP 会员、黄金会员、钻石会员。但你不可能婚恋成功，因为对方根本就不是想要成家的应征者，婚介也不是收取中介费为双方服务的合法机构，而是坑蒙拐骗的不法场所；就是你去茶馆酒肆，想去轻松一下，纾解一下自己紧张的神经和身体，也难免碰到茶托儿、酒托儿，一杯普通的茶水、一杯平常的饮料，都可能花出天价。

网络世界，同样让人不得安宁，各种各样的钓鱼网站，利用各种各样的网络漏洞，盗取用户的机密资料，骗取人们的钱财。由于这种钓鱼网站采取隐蔽的欺骗手段和多种多样的欺骗方式，使得人们防不胜防。

河南郑州的王宇，最近就遇到了一次典型的钓鱼网站的恶意欺诈。

王宇做文具生意，自己经营一家小店，进货、营业、送货，就是夫妻两人。通常王宇外出，就只有王宇的妻子刘欢守着店铺。

有天早上刚上班，王宇正在外出送货的路上，收到一条手机短信，内容是"您的工商银行卡需要重新激活，请登录中国工商银行网站进行操作，网址是……"

王宇正好是工商银行的客户，他以为是银行发给自己的短信，在路上没法操作，就把短信转发给妻子，让她上网去查看有关情况。

刘欢接到短信，不疑有误，登录丈夫王宇发来的短信上的网址，看到首页的提示信息是"近来，不法分子利用网络漏洞，盗取我行客户资料。为保证您的正常使用和资料的安全，我行将对用户进行升级测试，请按照以下步骤完成测试，谢谢您的配合！"刘欢按照系统提示，输入银行账号、密码、验证码、网银U盾密码等一连串的内容，很快就按照系统提示完成了操作，看到提示"您的账户已经顺利升级，可以正常使用。感谢您的大力合作，工商银行将向您提供更优质的服务！"刘欢仿佛松了口气。

但没过多久，王宇再次收到短信，内容是"您账户所存的五十六万元资金已转出"，王宇大吃一惊！

他赶紧电话联系妻子，然后在距离最近的工商银行停车，去银行查看情况。结果发现，他账户的五十六万多资金，就只剩下几百块钱零头，其他款项，已全部转往青海西宁的某个账户，而这个账户名，王宇根本不认识。王宇赶紧报警，警察在经过详细询问后，得出结论，王宇接到的短信，根本不是来自于银行，而是钓鱼网站，那个网址，只是看起来像银行的而已。

王宇的钱，是被俗称"钓鱼网站"的恶意网站所盗窃。这种网站，利用技术手段和互联网的某些漏洞，仿冒真实的银行网站或者在真实网站服务器插入某些危险的计算机代码，盗取银行账号、密码及存款。

由于目前相关法律不够完善，缺乏专门针对网络诈骗的立法；政府执法力度不够，很多诈骗网站没有被及时发现或者及时处理；相关机构对有关网站缺乏权威认证等原因，网络成为目前诈骗案的高发区之一。怎样防止被犯罪分子欺骗，有足够的防范心理和充分的防范措施，是有效防止欺诈的必要条件。

人类自古以来历经了无数的磨难，积累了一些宝贵的防范危险的经验和教训，并常常借此化险为夷。对于今天的我们来说，把防范意识渗透于日常的学习、生活和工作中，就如同我们在汽车上带着备胎，目的就是防止汽车万一发生爆胎，不至于抛锚在路上，具备足够的安全防范意识是非常必要也必不可少的。如果我们有了防火、防灾、防盗、防震、防诈骗、防侵害的备胎意识，就能够在出现危险的时候具有足够的随机应变的能力，就能从容应对突如其来的变故，勇敢地面对各种危险。

对于可能出现的危险，男人，作为全家人的精神支柱，社会的中坚力量，必须有足够的智慧、力量，才能给全家人以足够的安全感和保护。同时，也应该提醒全家人一起防范各种危险的发生。

一、不轻信别人

面对各种各样的诱惑和花言巧语，具备足够的防范意识，就不会给某些心怀不轨的人以可乘之机，防备自己的善良反而成为他人伤害自己的"武器"。

二、不要贪图小恩小惠

当遇到各种所谓的"好处"，无论是现实中所谓的"打折促销"，或者卖金子、卖古玩、卖出土文物等看起来的"便宜事"，还是网上或者手机短信收到的"中奖消息"，不要贪图便宜，或者梦想"天上掉馅饼"的好事，不贪图小恩小惠，就不容易被他人所诱惑。

三、遇事冷静思考，不要自乱阵脚

像上文中的王宇和刘欢，如果看到短信时稍微冷静一点，就可能看出其中的一些破绽，尤其是牵涉到银行账户等问题，可以先电话咨询各银行的五位数的咨询电话，就能从对方的回复中得知你所收到的短信的真伪，就不至于让坏人钻空子，把钱骗走。

四、加强对孩子和老人的教育

很多坏人，把欺骗、敲诈的对象锁定在老人孩子身上，因为有些老人年老体衰，思维迟缓；很多孩子年幼无知，或者平时被家长过度保护，缺乏自我能力，导致他们缺乏社会常识和判断力，面对问题也缺乏判断和处理的能力。

所以，多跟老人和孩子交流，同时教会老人和孩子处理各种事件的应对措施，以免他们遭遇突如其来的事情时慌了手脚，是很有必要的。

人无远虑，必有近忧。人的一生难免遇到各种各样的事情，对可能的危险防患于未然，就能避免很多的危害。坏人给我们挖坑让我们跳，懂得避开，才是最乱智的生存之道。

无措而疑：
——本来没有多大事儿，却要闹得人心惶惶

人生难免遇到各种各样的事情，尤其是当人遇到某种突然的变局或者困境，一时间无以应对，有些手忙脚乱也是很自然的事。但如果一个男人，遇到点事，原本没有什么大不了的，却弄得自己乱了方寸，手足无措，疑神疑鬼，这样的表现可就不足取了。

世界之大，无奇不有，但普世之下，对于男人的要求通常都是相似的，那就是男人除了跟女人一样，要求正直、善良、真诚、可信、有爱心之外，更需要男人更多的宽容、大度、豪爽、胸襟坦荡，这样，阴阳才能调和，世界才有和平。而婚姻之中，夫妻的相处之道更是需要双方的默契、配合、努力和相互体谅。如果双方做不到这些，那么轻则可能夫妻失和，亲密不存，重则可能双方离心离德，最终走到家庭分崩离析的结果。

尤其是男人，以其阳光、包容、大度，行走于天下，如果胸襟不够坦荡，内心不够宽容，就很容易被一些琐碎的小事弄得自己小题大

做、手足无措，不光让自己身边的女人觉得难过或委屈，甚至会被周围熟悉的人们看不起。

看看下面的例子，你会不会是这样的男人？

两个女人在谈论她们的老公和男朋友。

甲说：

我真受不了我老公了，磨磨唧唧的，有点事就小题大做，跟怎么样了似的，真怀疑他是唐僧投胎的，一点没有男人样儿。前些天我丢了钥匙，谁还没有丢三落四的时候啊，几把钥匙，丢了，下次注意就是了。结果他说，你就是没有把我们的家放在心上。丢了串钥匙，就是没有把家放在心上？有这么联想的吗?!

前几天在我妈妈家里，我妈妈喝咖啡，我儿子好奇，就拿过来喝了一口，结果我老公回来就跟我嘟囔半天，说你妈怎么能让孩子喝咖啡呢？他还在网上找了半天，然后让我去看，原来是网上说孩子喝咖啡有什么害处的。我跟他说，我妈妈喝咖啡，是说苦咖啡可以减肥，她也没有加糖，苦了吧唧的，孩子不会喜欢的，下次不会再喝了。我老公说，那也不行，孩子就是一口咖啡也不能喝！之后又跟我说半天，还让我看网上的那个内容。你说，就这么点事，非要弄得怎么样了一样，谁受得了啊！

乙说：

我男朋友还不是一样，昨天我跟他分手了！昨天早上我还没有睡醒，他自己打开我手机，看到手机上有条短信，是一个网友发来的一句话，说："你怎么最近没有上网，还好吧?"我男朋友就觉得有问题，自己就给对方回了一句"你以后不要骚扰我女朋友"，对方回答

"对不起，不该晚上发短信，影响你们休息了，抱歉"。我醒来看他怎么用我手机发短信，以为他拿我手机乱发短信闹着玩，就说："你别乱用我的手机发短信啊?"结果他说："我也没有想到你是这样的女人。"我觉得莫名其妙的。他还说："我跟你在一起没有安全感。"我说："你觉得有问题，我当你面给对方回短信好了。"他也不让。他还说我是一个花心滥情的女人，说如果娶了我，我婚后一定会背叛他，他受不了了，死心了!我也受不了他这样，没有一点男人的气度，不宽容、不大度，小题大做、无事生非，这样的男人有什么可爱的呢，虽然他也算是个好男人，不抽烟不喝酒，可这样下去，我们有幸福吗?

人在一生中，难免遇到过什么，错过些什么，如果碰到大事，让你感觉茫然无助、心慌意乱、惶恐不安等负面情绪都容易随之而来，还算正常。如果鸡毛蒜皮的事，都弄得天大的一样，这样的人生岂不是要把自己和周围的人都活活累死?!

怎样才能避免小题大做?

一、不要因家务劳动而导致纷争

很多夫妻为了一点鸡毛蒜皮的家务事，弄得不欢而散，比如谁洗碗、谁拖地、谁洗衣服、谁比谁懒、谁做得少了……大原则就是，谁有时间谁多做，体力活男人多做，轻巧活女人多做，彼此多让着对方一点，就不会因为这些事而弄得夫妻不和。

二、不要因为父母的干预而导致矛盾

有些小夫妻，没有多大事，有点委屈就跟自己父母说对方一堆不是，有些长辈只觉得自己的孩子好，无论什么事，都只管呵护自己孩子而埋怨对方，这样会加重夫妻间的矛盾。所以夫妻之间有问题，不要去自己父母那儿控诉对方，而父母也应该把两边都当作自己的孩子，不偏不向，这样才能避免矛盾。

三、不要因为孩子的教育问题而导致双方摩擦

孩子是两个人爱情的结晶，但由于孩子的到来，打破了两个人的二人世界，双方都不要溺爱孩子或粗暴对待孩子，不要当着孩子面争吵，有问题双方相互理解、相互信任、相互包容，就可以避免因为教育孩子的问题产生摩擦。

四、不要因财产问题而导致分歧

谁挣钱多了，挣钱少了，买东西贵了、便宜了，或者对各自父母家里或者亲友借钱等问题，双方都不要太计较，一方面都应该节俭度日，另一方面要相互体谅。金钱是生活的基础，但不能决定幸福。

五、有问题多沟通

无论什么事，双方都要多沟通，多体谅，多包容，双方才能感受到对方对自己的爱，也更能够珍惜对方，尤其是男人，更要在这方面做得更好一些。

男人本该大气坦荡，内心从容，如果一味地为一点小事小题大做，手足无措，这样的男人缺乏男子汉气度，又怎么能撑起一片天，成为顶天立地的大树，给自己心爱的女人和孩子遮风挡雨呢？

因病而疑:

——太过惜命,也不是什么好现象

每个人都应该爱护自己的身体,珍惜自己的生命,这很正常,无可厚非。但假如一个大男人惜命到了疑神疑鬼的地步,没有病自己都把自己吓出病来,就不可取了。

人的生命,都只有一次,每个人都应该备感珍惜。俗话说,身体发肤,受之父母,是父母孕育了我们。所以,每个人都应该对自己的生命备感珍惜,爱护自己的身体,爱护家人的身体,避免自己或者家人被疾病侵害,健康、快乐、幸福地度过这一生,是我们每个人都应该做到的。

如果我们发现自己或者我们的亲人患上了某种疾病,却又讳疾忌医,不去积极救治,却相信一些所谓的偏方、奇方,或者什么江湖术士的骗术,耽误了治病的最佳时机,贻误良机,是非常不可取的。

但有另外一些人,太过于活得小心翼翼,有点头疼脑热,就担惊受怕,生怕自己得了什么不治之症,整天为此惶恐不安,这样的人生态度,也是错误的,会因此失去了快乐,同时让身边的人跟着自己着急担心,甚至严重者没有病也把自己给弄出精神疾病来。

王苏家境不错，父母都是北京某著名学府里的高级教授。王苏小时候没有吃过一点苦，有个头疼脑热都特别当回事。他还从小就特别在意自己，朋友都说他"自恋狂"。他喜欢照镜子，脸上长了一个粉刺，或者跟小伙伴打闹中滑倒，胳膊蹭破一点皮，他都会照镜子很多次，生怕留下什么疤痕之类的。

　　工作后的王苏，在一个大学做行政工作，养尊处优，日子过得很舒服，但一次支教活动，差点改变了王苏的人生。

　　王苏所在的单位，跟河南某地建立了教学帮扶合作关系，王苏所在学校的人员按照轮流的方式，轮班去河南某地支教半年。从小就没有吃过苦的王苏，简直把这半年当作坐牢一样地煎熬着，好容易熬过半年，回到了北京。但回来后不久，听到一个不好的消息，王苏支教的那所学校里，有个老师因为输血，感染了艾滋病。

　　听到这个消息，王苏脸都吓白了，因为他跟这个老师一起吃过一顿饭，座位还紧挨着。王苏心想，我别被传染了吧？

　　听到消息的第二天，王苏就去血液病控制中心做了艾滋病的相关检查，大夫说，要等一段时间才能有结果。而且大夫跟王苏说，只是跟艾滋病毒携带者一起吃饭，不会因此感染艾滋病的，让他放宽心，基本应该没有问题，先耐心等待。

　　等待的过程，对王苏来说，真是莫大的煎熬啊！他吃不下睡不着，内心惶恐不安。

　　王苏一有头疼、感冒、肚子疼……都会往艾滋病上联想。他上网查了很多有关艾滋病的资料，怎么看自己都像是得了艾滋病。结果，才刚刚一个月，王苏的体重就从原来的一百八十斤，迅速下降到一百三十多斤，这下王苏更确定自己得了艾滋病了，虽然体检的结果还没有出来。他的脸色简直不像是一个二三十岁的年轻人，倒像是一个生命垂危的耄耋之人。

终于，体检结果出来了，王苏没有被感染，他是健康的！但当疾控中心的医生告诉他这个检查结果时，王苏还不放心，又专程跑到上海、广州的疾控中心去查了一通，都说他没有问题，王苏才算是缓过劲儿来，脸色渐渐恢复了正常，也才有了笑容。

像上文中的王苏这样，本来没有病，都差点自己弄出毛病来。

有人小腿浮肿，就担心自己得了肾病；有人偶尔牙龈出血，就担心自己得了白血病；有人胸口疼，就担心自己得了心脏病；有人在肿瘤医院工作，每天接触到很多的癌症病人，晚上一躺下来就担心自己是不是身体某个部位患上了癌症……这样过分担心自己患病的，严重的，就会导致强迫症的发生，比如吃东西担心噎死或呛死，以至于不敢吃饭喝水，导致吞咽困难。

有两种人，原本正常却常常怀疑自己身患重病。一种人，身边亲友患病对自己造成潜在的影响，或者离婚等变故导致缺乏安全感，生活稳定性降低；另一种人，误解了某些医生的语言或者医学知识，或者错误地相信了某些不科学的"科普宣传"，对自己的健康过度关注、过度担心，轻度的身体不适被当作自己身患重病的依据，怀疑自己有病。

这种情况是一种心理病态，叫作"疑病症"。就是指对自己的感觉或者身体的表征做出病态的解释，并因此疑虑、烦恼、恐惧，是一种神经症。

如果你有以下四种症状，就是患上了"疑病症"：一、你坚信自己有一种以上严重疾病；二、即使医生检查之后说你没有问题，你仍然坚信自己有病，医生的检查不正确；三、你很关注你自己怀疑自己所得的那种病的医学资料，自己对号入座；四、你的担心很久不能过去，而且影响到你的生活。

对于"疑病症"的患者，自己一定要相信医生，在医生的帮助下进行正规诊治，减少过度焦虑；周围的人们，应对患"疑病症"的人给予更多的爱心和爱护，关注他的内心。

俗话说，"疑心生暗鬼"，意思是说，疑心容易导致精神恍惚，生理和心理都发生异常，天长日久，原本没有病的，也会自己弄出病来。

保持健康，生理和心理都同样重要！

在意而疑：

——被人在意很幸福，但因在意而圈禁很痛苦

每个人内心都有被重视的需要，这是人的基本需求之一，如同我们需要食物，如同我们需要安全。但如果一个男人，被周围的人群过分关注、过分照料，以至于如同身处笼中被圈养的小动物，恩宠有加却全然没有了自我和自由，这样的人，得到的就不是幸福，而是痛苦了。

每个人都有被关注的需要，这好像是马斯洛关于人的需求理论所

定义的一部分。人在满足了生存需要和安全感的需要之后，就会有希望被人关注的需求。我们都希望周围的人们，包括我们的父母、我们的妻子或丈夫、我们的孩子，还有周围的亲友、领导、同学、属下都能够关心自己、关注自己。

如同众星捧月一般，有些男人生来似乎就比别人多受一些关注，他们从小到大，是父母的心肝宝贝，是老师眼里的好学生，是同学眼里的好榜样，是领导眼里的好下属，是同事眼中的好伙伴，当然，更是妻子眼里的好爱人，这样的男人，得到的关注和留意，比一般人要多很多。

当你身处众人的拥戴或恩宠之中，一举手、一投足、一皱眉、一撇嘴、一个微笑、一滴泪水，可能都会被你周围那些关注你的人留意到，当你开心的时候他们比你更开心，当你难过的时候他们比你更难过，这样的男人，是不是理应比别人感受到更多的幸福快乐！

不！如果这些都过分到了极致，你会感觉你像是一个被关在笼中圈养的小动物，宠爱是足够了，但是你失去了自我和自由，这样的人生，恐怕算不得快乐和幸福，甚至是痛苦的。

严小宝的人生犹如他的名字，是一直被当作宝贝地养着的。

他是家中的独生子，也是爷爷奶奶家里的长房长孙，又是姥姥姥爷家那边的孙子辈里唯一的男丁，所以身居高位的父母和爱孙如命的爷爷奶奶、姥姥姥爷争着宠爱他，从小他就没有吃过一点苦。要不是他被同学的父亲喝醉酒给文了一个文身在胸前，他的道路应该是按照父亲的安排，进部队，做军官，一路上去。可因为这个文身，某种意义上改变了他的人生，但被人宠溺着这一点，却丝毫没有改变，直到他结婚了也不外如此。

他按照父母的安排，娶了一个同样官二代的女儿钱娇娇。不过这位娇娇小姐，可能因为从小更顺遂，更喜欢出人头地，所以她的性格，比起同样官家子弟出身的严小宝来说，似乎更泼辣许多。这下，婚后的严小宝被更严格地管束起来，吃饭洗衣自然是家里的保姆打理，做什么事、跟什么人交往，那是钱娇娇说了算。

有天晚上，严小宝手机上接到一条短信，内容挺正常"你好小宝，又是好久没见了，最近很忙吧？我的事，不一定是要做网络编辑，文字类的都可以，麻烦你费心了"。严小宝想起，发短信的这位，是一个多月前跟朋友吃饭一起认识的一位撰稿人，严小宝自称可以帮她找找她想做的事，过了一个月，差不多都给忘了，这才有这条短信。

结果，钱娇娇对严小宝好一通审问，弄得大半夜都没有睡觉。这个人是谁？怎么认识的？干吗要帮她？……

严小宝无奈之下，在自己的QQ签名上写下了："love you……老婆"。钱娇娇还是不放心，干脆把严小宝的QQ和手机号码也一并接管了，再有女士跟他在线联系，或者给他电话短信，钱娇娇要么不回答，要么直接说"我老公有事，他的号在我手里"。

钱娇娇管这个，叫作"只交正能量的朋友"，严小宝不敢多说，怕引来钱娇娇对自己更多的猜疑，唯有言听计从的分儿了。

那个撰稿人最后一条给严小宝的留言是"我本无意踏入你的生活，扰乱你的平静。当初我觉得你说话真诚，总觉得男人说话该言而有信吧。现在想来，可能你不是有意欺骗我，只是你被人给掌控者，没有自己说话做事的权利，我为你这样一个男人感到悲哀"，严小宝看到这条短信，无言以对。

严小宝内心并不觉得好受，他跟朋友说："我怎么感觉找了个比我妈还像妈的老婆啊？我没有歪心思，都要被逼得有歪心思了，她整天这么疑神疑鬼的，我怎么在外面做事啊？我心累死了。唉，郁闷啊！"

怎样避免成为被宠爱而失去自我的"小动物"？

一、作为本人，时刻记住你是一个独立的个体

不要过于贪图周围人群对你过分的关注、照料和宠爱，并把这一切当作一种理所应当的东西，乐在其中，就像身处温水里的青蛙，当水温逐渐升高，你已经适应了水温的变化，当你感觉不适，想要跳出来的时候，也许为时已晚。

你必须时刻想着你自己，是一个独立的个体，有自己的思想，控制自己的行为，不因过多的恩宠而甘心情愿放弃了自我，放弃了自由。

即使这种恩宠是以"爱"的名义。

二、作为周围的人，不要对某个人过于关注

随时记得，每个人都是独一无二的，即使他，她是你的孩子、你的丈夫，妻子、你的爱人，他，她都不是你的附属品，他，她理应拥有自己的天地、自己的空间、自己的自由，他/她不应该生活在任何人的羽翼下或者樊笼里，过度地保护会让他，她的生活技能减弱甚至丧失，这样的人生，是不完整的，也就没有幸福可言。

结怨而疑：

——因为恩怨未解，总怕有人报复

我们生活在人群中，总是不可避免地要跟各种人打交道，产生矛盾甚至出现纷争，都在所难免。怎么处理好跟周围人群的关系，是一种情商的表现。如果因为跟人有了某种恩怨，就怀疑别人要来报复，这种情况应该想办法解决，才能让自己活得更轻松。

我们每个人跟其他人接触的过程，是完全不同的、非常独特而个体化的体验，有人让人感觉愉快，有人让人感觉压抑，有人让人感觉愤怒，有人让人感觉鄙夷……

因为某种职业，或者环境，有些男人跟人打交道的时候，比其他人可能要多，比如服务业或者窗口行业里的大夫、护士，餐馆、酒吧、宾馆的服务员，商场售货员、收银员，出租司机，银行职员……他们每天的工作，要接待大量的病人、客户。

每个男人的个性不同，人品不同，所以，接触大量人群的人们，跟人发生冲突的概率也比一般人要高许多。在某些不愉快的接触过程中，我们难免会跟某些人发生冲突，有些一气之后，过去就过去了，有些会由于某些人的个性所致，跟人结下怨气，俗称"结梁子"了。

李逸是个外科医生，在一家整形医院做美容整形已经四五年了，做过的大小整形手术已经近千例。

一天，一个年轻的女孩，拿着一张张曼玉的照片，要求给她整成张曼玉的样子。

李逸看着这个女孩，体型丰腴，虽然长的脸形稍微圆润些，但也算是挺不错的相貌，又听女孩自己说平时有些容易过敏，皮肤容易破口，就劝她不要做手术了，因为毕竟手术有风险，万一瘢痕体质容易留下瘢痕，可能更不如不做手术。再说她的体态跟张曼玉也不是一种风格。

女孩坚持要做一张张曼玉的脸，李逸怕有问题，让她在手术单上签了字还不放心，还请她让她家长来医院，跟她妈妈又谈了一次，女孩还是坚持要做手术，母亲也同时在手术单上签了字，李逸这才同意给女孩做手术。

手术过后，拆线了，发现由于女孩的确是瘢痕体质，她的双眼皮线条不流畅，看起来有些不自然，就劝她再过些日子看看再说。

结果过了一个月，女孩又来了。这次一来就大吵大闹的，说李逸把她的脸给整丑了，要李逸赔她原来的脸，要么就赔她十万块钱，她去韩国整容。如果李逸不赔钱，她让李逸吃不了兜着走！

医院负责处理投诉的部门接管了此事，他们详细了解了事情的经过，确定问题不在李逸，他们安慰李逸，让他放心，医院会为他负责的。

可是李逸仿佛"一朝被蛇咬，十年怕井绳"，整天提心吊胆，不敢再做手术不说，还害怕女孩找人来报复他，在医院害怕，在家里也害怕，弄得自己都像是得了精神病一样，医院也只好让李逸在家修养一段时间再说回来工作的事。

李逸不工作，家庭的重任都压在妻子身上，虽然家中积蓄还有不少，可坐吃山空总不是事儿啊，可往后怎么办呢？李逸想不出办法来。

生活中，我们无法避免跟其他人的接触，我们不能指望我们遇到的都是谦谦君子，即使对方不是宵小之徒，但因为某些特殊事件的发生，导致对方把怒火撒在我们头上，是难免会发生的事情。

怎样避免产生这种不必要的冲突，以至于与人结怨呢？怎样在冲突中避免自己遭受更大的伤害？怎样积极妥善地处理问题，让后续的不良影响降到最低呢？可以留意以下几个方面：

一、待人处世，保持平静

让自己内心保持平静，不被周围东西过分感染，不以物喜，不以己悲，不容易做到，需尽力做。有这样的处世态度，就相对不容易导致跟人的冲突。

二、沉着面对突发事件

一旦发生某种应激事件，不要慌张，沉着冷静，坦然面对。人跟人是有互动的，你沉着而诚恳的态度，有可能会影响冲突中的对方冷静下来，有助于事态向好的方向转化。

三、不跟人过分亲近，也不过分疏远

跟他人过分的疏远和过分的亲近都不是最好的，尤其你的工作如果是时常必须跟人打交道的，就更应该注意这一点。保持不卑不亢、大方得体是必要的。

四、出现问题寻求积极的解决

遇到问题发生，万一跟人结怨，对方怒火未消，你胆战心惊，于事无补。不如寻找积极的对策，寻找可能对事情有帮助的人寻求帮助，比你一个人埋起头来胆战心惊有效得多。

现实社会，压力颇多，人心浮躁，所以，在人际交往中产生各种冲突在所难免。尤其是男人，由于天性，跟人结怨的可能性比女性要大。出了问题，一味地逃避或者只是忧心忡忡，于事无补。只有积极采取措施，预防可能的冲突，在冲突产生之后寻求积极的解决方法，才是一个男人可以安身立命的正确方式。

争胜而疑：
——因为竞争，总觉别人是威胁

生在社会中，人总是难免跟人有某些关联，或者合作，或者竞争。良性的竞争有助于我们获得更大的利益，但恶性的竞争，只会伤人伤己。男人是人间的勇者，所以一定要秉持这条不朽真理。

物竞天择，适者生存，这是动物进化过程中始终存在的。竞争是动物的天性，为了食物、为了配偶，动物们都会采取各种手段来谋取自己的利益。人也不例外，即使人类自诩为高级动物。

但竞争，分为良性和恶性，良性的竞争，可以促使人奋进，可以帮助人进步，比如奥林匹克运动会，就是良性竞争的典范。通过比赛，人们不断向着更强、更远、更高、更快的方向发展着。

现实生活也同样，两个生产同类产品的企业，比学赶帮超，相互竞争，也相互学习，在这样良性的竞争过程中不断取得更大的进步，比如不断在同一个地域内开设店面的麦当劳和肯德基。

两个人也是如此，如果两个人，可以在工作中不断地向对方挑战，不断地通过改进自己的工作质量、提高速度、改变态度，不断进步，同时也不断促使对方进步，这就是良性的竞争。

但有时候，有些人，在竞争的过程中，唯我独尊，妄自尊大，不允许别人超过自己，甚至采取一些低劣的手段，阻挠对手的发展，破坏对手的形象和劳动成果，这样的竞争，即使你胜了，也是胜之不武，因为你的人格已经输了。

王胜来到一家房地产销售总公司应聘，做了业务部的推销员。王胜工作很努力，所以三个月的试用期没有到，就提前转正，成了业务部的正式员工。一年后升任主管、两年后升任部门经理，到第四年，王胜已经是公司业务副总监。

过了一些时候，公司业务部的部门经理跳槽到了其他公司，王胜有意把他提拔起来的一个业务主管提升成部门经理。但王胜的直接领导——公司副总兼业务总监的意见，是从外地分公司调过来一个业务副总刘培，出任总公司业务部经理，王胜觉得胳膊拧不过大腿，不好直接跟副总唱对台戏，只好接受了这个安排，但他心里不断打鼓。

王胜心想，这个刘培，不是我的人，听说很能干，副总调他过来什么意思？是不是想让他来跟我抗衡？是不是来制约我？是不是副总不信任我，安插他的眼线……

带着这种念头，王胜对于新来总公司工作的刘培，时时处处挑毛拣刺，总给他找碴儿。刘培不知道怎么回事，王胜好像时刻在跟自己过不去，工作做得很是艰难。终于有一天，刘培手下一个员工的工作出现一个疏漏，给公司造成了一点损失。刘培努力地跟客户沟通，想把公司的损失降低到最小。

王胜抓住这个机会，到总经理那儿给刘培奏了一本，说刘培怎么不服从管理，怎么工作不够敬业，怎么出错……王胜最终建议总经理，对刘培做撤职或者解除合同处理。

总经理觉得奇怪，之前听副总说过刘培过来后工作表现很不错，怎么让王胜说得一无是处呵？要说这个刘培还是总经理表姐夫那边的远方亲戚，这事总公司上下没有人知道，所以总经理也没有跟刘培有多少往来。现在出了这事，总经理觉得有必要跟刘培好好谈谈，不能只听王胜一面之词。

于是总经理悄悄把刘培叫到家里，详细询问了事情的经过。一直把委屈憋在心里的刘培，终于把苦水都倒了出来，他把来公司以后王胜对他的种种刁难都告诉了总经理。

总经理不动声色，又跟公司副总兼业务总监谈了谈王胜的建议，听听他是什么意见。副总已经从其他业务员那儿了解到了事情的经过，错误根本不是刘培的，而且他在事情发生后还一直在努力减少公司损失，倒是王胜，出事之后一副事不关己的架势，还阴阳怪气地说些作为业务副总监不该说的话。而且，想起王胜也似乎不再把他这个公司副总兼业务总监放在眼里，他的意见不是开除刘培，而是架空王胜，不让王胜对公司造成不良影响之后再打发他离开。

王胜没有想到，他处处觉得别人对自己是威胁，结果他也成了副总眼里的威胁。事后他发现，好像公司什么事都没有自己的分儿了，

最终只能选择黯然离开。

在工作中，人与人的竞争是在所难免的。怎样从竞争中脱颖而出需要能力，需要智慧，更需要勇气。

能力自不待说，智慧是你做人做事的头脑和内心的体现；而勇气，就不只是敢于竞争，善于竞争，而且是拿得起、放得下，能够接受胜利的花环和奖杯，也能够坦然把花环挂在对手脖子上，把奖杯送到对方手中的那种坦然和自豪。

人们总喜欢用顶天立地来形容男人的气概。如果一个男人，没有气量，赢得起，输不起，只能接受成功，不能接受失败，等待他的，往往是他不能接受的失败，因为没有人是常胜将军，没有人可以只赢不输。

第五张 慌,

乱了手脚的,未必都是胆小怕事
——有时男人慌得可恨,但有时他们害怕得很可爱

很想说句大实话,那就是即便是男人自己,对于同性的胆怯都会采取鄙视的态度。可是男人必定不是神,不管自己觉得有多强大,他还是个凡人。假如是凡人那肯定也会有自己害怕的事情。就好比当年的项羽,武功盖世,一人顶百,却真的很害怕自己的虞姬生气一样。或者我们看到有些男人在战场上打仗,可以视死如归,真到了有点小毛病要打针的时候,反倒惊悚得满屋子乱跑一样。其实,人就是这样,有可恨的一面,也有非常可爱的一面。对于女人而言,假如可以认识到男人种种的可恨,并忘记这一切,影子里全是他可爱的一面,那么他的人生也算是上升到了一个新境界了。

见泪而慌：

——可以无惧生死，却见不得女人眼泪

有些男人，性格刚毅，做事勇猛，天不怕地不怕，但面对女人的眼泪，他们就慌了手脚。这样的男人，内心深处，一定有很柔软的一个地方，他们看不得自己心爱的女人流泪。这样的男人可谓铁骨柔肠。

我们常常看到一些男人，外表看起来很粗犷，坚定、刚强、坚毅、勇猛、果断、勇敢……这样的词汇常常跟他们联系在一起，用当下的说法，这样的男人很 MAN。

可偏偏就是这样的男人，有一个特别特殊的地方，他们内心某个地方异常柔软。如果他们看到女人哭泣，即使是陌生的女人，都会让他们内心涌出一种柔情，想要保护对方，如果女人是因为男人的欺辱而哭泣，他们的眼中会喷出烈火，仿佛要把那个让他们觉得欺辱女人的男人烧焦。

尤其是当哭泣的女人是他们自己心爱的女人时，他们可能更加手足无措，觉得女人哭得自己心软。如果不知道自己的女人因为什么而哭泣，更让他们坐立不安，慌乱不安。他们无惧生死，就是见不得女人的眼泪。

李刚是一个条件很不错的男人，他在一家跨国企业担任中高层管理职务，外形俊朗，身材高大，是德国一所名校的 MBA。

李刚原本是学体育的，曾经作为体育特长生，在部队服役三年，接受了陆战队员严格的本能训练和考核，要不是后来他的腿在一次演习中受了伤，不适宜再留在部队，否则他可能就会当一辈子兵，因为李刚说，他挺喜欢当兵，喜欢士兵们亲如弟兄的那种男人之间的惺惺相惜。

李刚退役后，刻苦补习了当兵落下的文化课程，考上了国内一所大学。毕业后，一个机缘巧合，李刚又去德国读了 MBA 课程。毕业后他原本可以留在德国或者去其他发达国家，但他不放心国内的父母，就回国工作了。

他原本有条件找到更好的女朋友，但当他一眼看到朱莉，就被她眼神中的那抹忧郁给打动了，他觉得，他想让这个女人感到温暖和快乐，所以他选择了朱莉。可是朱莉对他一直冷冰冰的。

原来是因为朱莉之前有个男朋友，家境贫寒，父母担心朱莉嫁给他而受苦，于是不同意他们的关系。朱莉在父母和恋人之间选择了父母，当她最后一次跟男朋友拥抱在一起的时候，她觉得自己的一部分死了，发誓从此以后绝对不会再爱任何人。所以当李刚通过别人向朱莉父母表示了他想跟朱莉恋爱结婚的意愿，朱莉父母也看上了这个高大俊朗、家世良好的年轻男人，让朱莉跟李刚恋爱结婚的时候，朱莉几乎没有犹豫就答应了，因为她觉得结婚就是结给父母看的。但婚后五年了，她的脸上从来没有笑容。

一天，朱莉生病了，当她看着李刚忙里忙外，给她煲汤，给她煎药，她内心的坚冰似乎打破了。尤其听到同病房的病友说李刚三天都守在他床前，实在困了就坐在床边在床上趴一小会儿，怕不能看到她醒来的样子，谁替换他他也不干的时候，朱莉哭了。

李刚当年在部队演习时摔断了腿也没有怎么样，但他看不得朱莉哭，他不知道朱莉为什么哭，他知道问朱莉，她也不会告诉他原因，但朱莉的眼泪让他觉得心都要让朱莉哭碎了。他又忙着给朱莉拿纸巾，又忙着用热水给朱莉热敷眼睛。朱莉五年来，第一次觉得自己是这么爱这个男人，她第一次发自内心地紧紧拥抱着李刚。

一个为女人的眼泪而感觉痛苦的男人，是骨子里侠骨柔肠的男人。他们刚强的外表下，有着一颗敏感的内心，还有一种悲天悯人的慈爱之心。这样的男人，可以给女人最坚实的胸怀，给女人最温暖的关心，给女人最深切的爱，他们是最适合做丈夫的男人。如果一个女人，遇到这样一个男人，愿意为你擦去泪水，不要犹豫，好好守着他吧，他的怀抱可以为你遮风挡雨，永远不会让女人经受现实的凄风苦雨。

这样的男人不可多得，在现在这个功利的社会，人越来越自我，也越来越自私的世界里，这样的男人也仿佛成了珍稀动物。那么，女人怎样判断你身边的男人是否是这样的男人呢？"蛛丝马迹"尚且可以找到，男人的特质自然也可以从他们的个性和平时的作风中找寻到踪迹，如果你足够细心，就有可能找到这样的他们。

一、外表豪爽大气

他们通常给人的感觉是豪爽大气、性情刚毅坚定，做事果断有力，所有跟男人的阳刚有关的词汇都可以用在他们身上。

二、内心充满同情心

他们的大气，并不等于他们缺乏细腻，内心柔软。你会发现，这种男人会格外孝顺父母，而且对其他老人也一样地照顾有加，往往喜欢小孩,对朋友和其他人的孩子都会特别和善,他们往往也会特别喜欢小动物。即使对素不相识的人,如果觉得对方需要帮助,他们都会伸手帮忙。

三、相处时他们会格外照顾你

一起外出,会留意走在路的外侧,过马路的时候会特别留意身边的你。即使你只是皱一下眉头,他们可能都会发现而紧张,会赶忙问你是否不舒服了;你生病的时候,他们比谁都着急,记得提醒你吃药,替你做各种他们力所能及的事。

四、看你受委屈他们会很难受

如果你被上司批评、被同事误会、被朋友伤害,他们会发自内心地为你难过,想方设法地安慰你、鼓励你。

如果你有幸遇到这样的男人,好好爱他,不要放开你们彼此紧紧相握的双手,因为这样的男人,真的难得!

因爱而慌:

——表白时会紧张的男人,骨子里还存留着单纯

有些男人,跟女朋友谈恋爱,在两个人关系确定之前,都过于紧张,不知道该如何表白。要表白的时候紧张得话都说不利落,这样的男人,其实是好好先生,他们的骨子里还留着单纯,因为在意,所以

紧张，因为爱对方，反而害怕被拒绝。

正如没有两棵树会长得一模一样，男人本身也是形形色色，各式各样。有些男人聪明灵巧，对待女人能言善辩；有些男人风流倜傥，对待女人游刃有余；有些男人内心城府很深，对待女人真假莫辨；有些男人优柔寡断，不知道自己内心想什么；还有些男人，内心想得很清楚，对女人喜欢就是喜欢，不喜欢就是不喜欢，既不会左右逢源，八面玲珑，也不会见风使舵，脚踩两只船。这种男人，是女人可以依靠的男人，如果一生跟这样的男人相守，他们会细心呵护自己的女人、孩子，做一个好丈夫、好父亲。

但这种人，也有很要命的时候，就是在表白感情的时候。因为缺乏经验，因为内心紧张，他们可能不知道该如何向女性表达自己的感情，紧紧张张，战战兢兢，弄得好都像做错了什么。这种情况下，很容易被对方误会了自己的初衷。他们这样，其实主要是因为他们内心的单纯。

郑正是一个一直活得很简单的年轻男人，他在一个事业单位做职员。小时候的郑正是个乖孩子，不是班干部，但从来不让老师、家长操心的那种，所以一直很顺利地从小学升初中，初中升高中，高中升大学，然后工作。郑正的母亲也说："我们家郑正没有特别突出的地方，但也从来不让人操心，心里没有那么多事，单纯。"

最近两年，郑正的母亲有些着急，着急的是，大学已经毕业两三年，都二十四五的郑正还没有谈过恋爱。

高中的时候很多孩子早恋，父母试着跟郑正谈过，郑正当时说："你们放心好啦，我才不会现在就谈恋爱呢，谁都不知道长大了什么样子呢！"父母想想也是，郑正一直单纯，这方面好像晚熟，所以也就放心了。

大学的时候,父母还是主张郑正最好不要谈恋爱,因为好多同学都不是一个地方的,毕业后很可能各奔东西。郑正的父母都是普通公务员,又没有什么特权,找个外地女孩,万一女孩舍不得离开家,他们可不想自己的独生子郑正跟着女朋友去外地,而他们自己又没有能力给郑正和女朋友两个人都安排一个好工作,所以还是等到毕业以后工作稳定了再找女朋友不迟。他们问过郑正,郑正说自己大学毕业以后再考虑。

现在郑正都毕业这么久了,郑正的同学里都有结婚当爹妈的了,郑正的女朋友还八字没有一撇,难怪郑正的母亲着急。于是托人帮郑正介绍了一个女朋友王慧。

要说王慧也是一个不错的女孩,她比郑正小一岁,在一个小学当老师,人长得很秀气,性格文静。郑正心里挺喜欢王慧,但他不知道该怎么向王慧表达。

王慧的父母看他们交往都半年多了,问王慧郑正有没有向她表示什么,王慧说没有,郑正连她的手都没有拉过。王慧的父母不放心,觉得女孩子大了就不好找朋友了,要是郑正拖了三五年,再说不行,王慧就要被耽误了,于是托介绍人再问问郑正家的态度。

郑正的父母也看好王慧,就问郑正到底怎么想的,郑正说自己挺喜欢王慧的,父母让他抓紧跟王慧表达,不然过了这个村没有这个店了,要是王慧跟别人好了,后悔都来不及。郑正答应了。

结果到了郑正跟王慧再见面,郑正就很急迫地想跟王慧表达自己对她的感情,越想说好一点,就越紧张,越不知道该怎么说了。结果话说得磕磕巴巴、词不达意的,郑正事后心里都暗暗地骂自己,怎么这么没出息，可那会儿不知道该怎么办好。王慧内心喜欢郑正，但她看郑正话说得颠三倒四，以为郑正是迫于父母的压力才来跟自己表白，心里不喜欢自己呢，一气之下就离开了。

郑正的母亲是个急脾气，听了介绍人的电话，就把郑正大骂一顿。还好，郑正的父亲比较细致，他知道自己的儿子不是一个撒谎的孩子，郑正既然说他喜欢王慧，那肯定是真的喜欢，于是他耐心地问了郑正情况，知道郑正其实是因为太在意才会紧张。

为了表明郑正和他们全家的诚意，郑正的父亲决定全家一起去王慧家提亲。王慧父母也喜欢郑正的老实单纯，王慧心里也早就爱上了单纯得像一个大男孩的郑正，郑家正式上门提亲，也让他们知道了对方一家的态度，他们也很高兴，所以，两个年轻人的事，算是定下来了。

幸亏有个做事稳重细致的父亲，不然郑正跟王慧的感情，也许就因为郑正不知道怎么表白而弄砸了。

现实生活中，像郑正这样的男人司空见惯。他们往往生性简单，心地单纯，待人接物也都没有很深的城府，碰到感情问题就因为缺乏经验而显得有些缺乏勇气。这样的男人，其实是很好的、非常适宜家庭生活的男人。他们会一心一意地爱家人，照顾妻子，疼爱孩子，不耍大男子主义，也不会对妻子采用家庭暴力。

但跟喜欢的人表白而弄得双方差点不欢而散，总不是好事，万一弄不好，有情人各分两端，更是可悲了。为了避免出现这样的情况，男人可以提前做一下"预习"和"预演"。

一、交往初期留心观察

最初交往的时候，留意女方对自己的态度，是虚与委蛇地应付，是不情不愿地敷衍，还是诚心诚意地喜欢接触，从最初对方对自己的态度上，就可以判断你在对方心目中的地位，就可以有的放矢。

二、坦然面对自己的感情

先自己想清楚，自己对对方是什么样的感情，平时留意对方如果是对自己有好感甚至喜欢自己的，而如果自己也喜欢对方，就应该勇敢地、坦然地面对自己的感情，该表白时绝不拖延，该出手时就出手！

三、提前"预习"和"预演"

如果担心自己到时侯紧张，就提前想好自己要说的话，不打无准备之战。还可以请家人和朋友，帮你预演一下，以防临时紧张得想不出该说的话。

四、不要像背课文一样

到了表白的时候，别因为提前准备过了，就说得像是背课文一样，这样可能还会有副作用，让女方以为你这样的话都不知道跟多少个人讲过了呢。语速正常，态度自然就好。

五、相信自己只要有诚心就能事半功倍

对自己要有信心，既然知道对方对自己的感觉，也知道自己内心的真实想法，只要相信自己，就能事半功倍。

认错而慌：
——愿意认错说明敢担当，心慌紧张是因为在意

人的一生，可能遇到各种诱惑和变故，不可避免地犯错。当一个男人犯错之后，勇于认错，说明他为人为己负责的态度，敢于担当、敢于直面自己的错误。也许这个过程中，他也会内心惶惶不安，这只是代表了他内心的在意和担忧，更多的在意和担忧不是为了自己，而是为了他在意的人。这样的男人，是值得信任的。

人非圣贤，孰能无过。人的一生很难说会遇到什么人什么事，好人好事，坏人坏事，都在所难免地不期而遇。即使你遇到的是好人，两个好人之间也难免发生一些错事。

面对错误，是欲盖弥彰，是三缄其口，还是坦然承认错误，并愿意为自己的错误承担该承担的代价和处罚，是一个人内心是否纯净的体现。

即使因为坦诚，说出自己不为人知的错误，并因此而不被身边的人理解和原谅，你依然可以内心坦然。而对方在冷静之后，就会体会到你人性的纯净和坦诚，会为此而体谅，由此原谅你最初的错误。

卓越跟宁静是一对恩爱的小夫妻，他们有一个3岁的小女儿。卓越是公认的好丈夫，他是一个作家，常常在晚上写作，他会从书房时不时地回头看向卧室，因为他总担心妻子与孩子踢掉被子，他说那娘俩都一样，睡觉不老实。每天早上他洗漱完，去买早点给妻子女儿，然后才叫醒她们俩，之后自己再去睡觉。朋友开玩笑说卓越有两个女儿，卓越坦然地说："旦就是了，谈恋爱的时候我就觉得自己有一个女儿了。"

卓越跟宁静是高中同学，他们那时候就开始早恋了，但好在恋爱并没有影响卓越的成绩。高考后卓越以优秀的成绩被北方一所名校录取，而宁静成绩稍差，考上了一所二本大学。所以大学四年他们南北相望，但感情愈加浓烈。

毕业前的一天，大学里一个对卓越痴恋已久的女同学，跟卓越一起待了一夜，她很想把自己奉献给卓越，卓越跟她坐了一夜，内心里稍微有过冲动。但他想到宁静，就觉得不能对不起宁静，所以什么都没有发生。宁静知道此事，还常跟他开玩笑，说"你的老情人如何如何"，他自己觉得很坦然。他最早出版的一两本书的扉页上都题写着"谨以此书，献给我的女儿、我的妻子、我的父母和莉莉"，莉莉就是那个女同学。

他曾经跟朋友谈起过这事，他说下一次他不知道会不会还能抗拒诱惑。朋友说，如果有那么一天，可能你自己忍不住，就会跟宁静坦白了。

结果这一天真的来了，当有天卓越去另一个城市出差，那个女同学听闻此事，特意赶往这个城市去见卓越，而当她到那个城市的时候，卓越已经离开了。卓越感动于女同学对他的深情，所以在又一次出差去某地的时候，他中途下车，去看了那个女同学，不该发生的事发生了。

当时发生的一切卓越已经完全没有印象了，因为他只觉得紧张。

回到家里的他，觉得应该跟妻子坦白这件事，否则他自己良心上过不去。他觉得坦白了，就可以证明他对他妻子是没有秘密的，两个人就没事了。没想到宁静的反应是当时就摘下了手上的结婚钻戒，说"要不是为了孩子，现在就离婚！为了女儿，我给你一个机会，分居一年以后决定怎么办吧！"卓越吓傻了，不知道如何是好。

他很痛苦，跟朋友说起此事，担心自己的婚姻可能完了。朋友说："你怎么那么傻呢，怎么能告诉宁静呢，我都提醒过你，还真让我说着了！"卓越说："我不能不告诉宁静，否则我内心会更加不安，一直都会有负罪感，说出来了，我也不知道我们会怎么样，但我觉得必须说出来。"朋友鼓励他跟宁静沟通，说也许过几天，宁静可能就能原谅他的过错了。卓越又买了一个戒指，再次向妻子"求婚"。

果然，不久后，气愤过去之后的宁静也体谅到丈夫这样的行为，最初是错了，但他勇于认错，说明他对自己的信任和爱，所以原谅了卓越，一家三口又回到温暖、快乐、相亲相爱的状态。

现在有句话，已经是老生常谈，这句话是"女人不出轨是受到的诱惑不够，男人不出轨是没有足够出轨的本钱"，好像男人、女人的出轨都是自然而然的事，完全可以不当回事，所以婚姻不稳定也成了社会问题的一部分。虽然人们不再坚守没有爱的婚姻，本身是一种进步，但如果婚姻生活中的双方，都不能为自己同时为对方负责，稍有诱惑就随便出轨、出墙，实在也是社会的悲哀！

所以，如果一个男人，为了某种原因，无论是无法抵御诱惑，还是出于某种类似报恩、为了内心对另一个女人的歉疚……或者为了其他种种原因而出轨，作为妻子，如果他能坦白地谈出自己曾经犯下的错误，那只能说明他内心对你的亏欠，更多的是对你的信任和爱，不要因此而对他大加责罚，甚至因此而不肯原谅他。他的坦然面对说明他敢于承担，慌张只是他担心你的感受，作为女人，不要把这样的男人推出门去，还是好好珍惜他的这份坦诚，珍惜他对家庭和对你的在意，原谅他偶尔犯下的错误吧！

不定而慌：
——因为没有把握，所以心乱如麻

　　每个人面对自己熟悉的事物，就会觉得情绪稳定，泰然自若；而对于没有把握的事，就难免会感觉内心慌乱，越是紧张，越不知所措，严重的就会感觉自己心乱如麻。男人不是什么时候都沉着冷静，当然沉着冷静的男人是值得珍惜的。

　　我们每个人都生活在人群中，随时面对各种各样的人，面临各种各样的情况。懂得怎么为人处世，怎样处理问题，是每个人人生的必修课之一，如果没有能力处理好这些，你就可能在人生的路上困难重重，只有能够理清自己的思路，懂得正确的做事的方式方法，才能为自己的人生之路铺开坦途，为达成自己的人生目标而打好基础。

　　如果一个人做事可以做到胸有成竹，自然就很清楚自己一步一步该如何走。但当一个人对自己所做的一切没有把握的时候，就很难做到泰然处之。

当人们对事情心里感觉"没数"的时候，就难免会内心慌乱。而越是慌乱，思路就越不清晰，也就越发地不知道该怎么做，久而久之就形成了某种恶性循环，没有把握—紧张—慌乱—更没有把握—更紧张—更慌乱……情况就会越来越糟。

如果不能很好地解决这样的问题，就可能会让自己无论大事小情，都束手无策，从自己的工作到自己的生活，都理不清头绪，找不到事情的根本，弄得自己心里一团乱麻。

梁宇是一个硕士研究生，毕业于研究所的他毕业后留在所里工作。工作方面，梁宇觉得自己还比较有把握，但其他方面梁宇感觉自己所学到的知识对自己一点帮助也没有，比如说谈恋爱。

梁宇因为家境不算很好，所以大学的时候他除了读书学习，寒暑假都经常去做家教来赚取生活费，大学期间他没有谈过恋爱。到了研究生在读的时候，他已经二十四五，也觉得该找一个女朋友了，但直到研究生毕业，他才找到一个女朋友文文，他们在一起还不错，但梁宇发现，他自己经常都不知道该跟文文说什么。

一天，梁宇给文文打电话，问文文在哪儿，跟谁在一起。

文文回答说："我跟一个朋友在一起。"

梁宇又问："男朋友还是女朋友啊？你们干什么了？"

文文回答："男性朋友，吃饭。"

换一个人，可能会跟女朋友说"那好吧，等你回来给我电话"。就算是听到自己的女朋友跟别的男人在一起，心里不高兴，也该知道怎么处置这些问题，等回头再理论不迟。

可是梁宇不懂这些，他继续问："那他呢，他在干吗呢？"

文文这个时候已经感觉很尴尬了，因为朋友就在身旁，对方也猜到来电话的是她男朋友。文文看了一眼身边那个朋友，回答说："他在微笑着看着我。"

梁宇这个时候才意识到什么，说："那你玩得开心，等回来给我电话。"

后来，种种原因，文文跟梁宇分手了，其中一个最重要的因素，文文说："我觉得你读书读痴了，不知道该怎么跟人说话，哪句该说哪句不该说；也不知道怎么处世，跟你小学刚毕业似的。"

梁宇承认文文说得对，他自己也觉得很苦恼，的确自己很多待人接物方面的东西全都不知道怎么处理。就连读书学习，梁宇也承认，自己好像除了工作需要之外，他不确定自己想学什么东西，想读什么书。

没有任何一个男人喜欢让自己长期延续在如此被动的感觉之中，如此地茫然无措。陷入这种状态，的确很令人烦恼和苦闷。然而面对诸多我们没有把握的事情，即便是内心有些不安，也一定要尝试着稳定情绪。不然自己富有庄严果敢的一面会因这一次次的慌张而受到打击，昔日的信心满满也终将不复存在。那么怎样才能有效地避免出现这样的窘境呢？可以在以下几方面多加留意：

一、做事提前准备

做事之前，想好要做什么，怎么做，提前计划好再去做。

二、没有把握的事不要轻易承诺

没有把握的事，不要跟人轻易承诺，找到最简单、最有效的方法再往下进行。

三、找到适合自己的做事方法

掌握一般的做事规律，找到适合自己的方式，给自己制定一个做事的顺序，然后有条不紊地往下继续。

四、多站在对方的立场考虑问题

无论面对的是老板、同事还是女朋友，凡事多思考，多为别人考虑，换位思考，就能够更多地理解别人的想法，做事也就不会太过于唐突，让别人为难，也让自己尴尬了。

五、不急躁，不拖拉，做事果断

做事果断不是鲁莽，也不能优柔寡断，而是绝不拖泥带水，有板有眼，这样就能抓住机会，不让机会溜走。

六、懂得顺势而为

凡事懂得审时度势，会变通，知道该怎么顺势而为，不墨守成规，也不强求，才能顺其自然。

七、做人做事有原则

做事之前三思而行，知道什么事该做，什么事不该做，什么事能做，什么事不能做。大的原则一定不能放弃，小事不要斤斤计较。

等待而慌：
——等着等着慌了神，说明自身定力不够

一对情侣之间的承诺，往往象征着彼此的爱和责任。但有些人，无法等到承诺兑现的那一天，就最终背弃了自己的承诺，这样的人，内心缺乏足够的定力。其实漫长的等待是最能考验一个人的耐力的，

假如一个男人真的能够有这个定力坚持到最后，那他必将是一个有成器潜力的人。

"定力"原本是佛教五种能破除排解障碍、使人得到解脱的力量"五力"——"信力"、"精进力"、"念力"、"定力"、"慧力"中的一种，"定力"是指清除烦恼、抛弃妄想的禅定力。唐代的钱起在《题延州圣僧穴》中写道："定力无涯不可称，未知何代坐禅僧。"没有定力，就当不了僧人，坐不了禅，可见定力的重要性。

"定力"也指为人处世中，一个人把握自己的意志力；也可以指一个人在环境变化或者诱惑之下稳定自己的心态和行为，履行自己的职责、兑现自己承诺的能力。

俗话说，一诺千金，这说明诺言具有多么重的分量，它是人们彼此信任、彼此依靠、彼此负责的约定，也是人们对彼此爱的肯定和承诺。

现实生活中，机会很多，压力很大，诱惑也很多。想要守住一份承诺，就必须以静制动，调整自己的内心、稳定自己的情绪，"隐忍有术，形成于心"，具有这样坚如磐石的定力，才能让自己坚守自己和对方的承诺。

张帆和刘童是同一所大学的校友，他们都是学校学生会的干部，也是大三期间就确定恋爱关系的情侣。虽然他们分别学习不同专业，张帆是计算机学院网络与计算机专业的学生，而刘童所学的是艺术学院的美术专业。但不同于很多年轻人大学期间的恋爱是抱着谈谈看的想法，他们是从开始就往结婚的方向努力的。

毕业前，刘童跟张帆商量，说她有一个机会，来学校搞专业交流的一个法国教授愿意给她提供学习申请的帮助，她想毕业后去法国读西方艺术史的研究生。张帆觉得自己所学专业去法国读书没有什么意义，而且已经有一个给银行做系统技术支持的公司接收了他的工作申请，他毕业就可以去这家公司工作，公司规模不小，各方面条件都不错。于是他们两个人约定，张帆留在国内工作，刘童去法国读研究生，等到刘童毕业回来，他们就结婚。

开始的一年，张帆跟刘童通过 E—mail 或者 MSN、QQ 这样的即时通信工具，不断联系彼此，也能够在视频前看到自己的恋人，心里都觉得挺踏实的，只是被彼此的思念缠绕着。两个人也都不断地安慰自己，也安慰对方，说三年的日子很快就会过去，以后就相守，再也不会彼此分开。

但第二年情况发生了一些变化，张帆为了获得更好的发展，跳槽到另外一个同样做银行系统的公司。这家公司比前一家规模更大，待遇更好，但作为新人，张帆必须经常去外地出差，短则三两个月，长则半年以上。银行的网络是内部网络，而且张帆的工作压力十分大，常常根本没有时间去跟刘童彼此沟通。

这样一来，两个人沟通情况欠佳，也就难免有点小误会。刘童上线的时候，张帆可能不在。等到张帆有时间去网吧上网，想看看刘童的时候，刘童可能又因为有事不在电脑旁。越来越深的思念，被越来越多的烦恼所代替。张帆就想，刘童在国外，而且是以浪漫著称的法国巴黎，而且据说男生多，女生少，难免刘童会受到各种诱惑，要是她变心了，留在国外不回国了，自己该怎么办，还死守下去吗？

正好一次回公司工作的时间段内，公司副总说看张帆一表人才，技术也不错，所以把自己的表妹介绍给了张帆。张帆正好想找机会不去外地出差，就答应了副总。开始张帆还有心想应付一下这位表妹，再等等刘童,看看情况再作决定。但副总告诉张帆,自己的姑妈希望表妹早点结婚,要是张帆还不能跟表妹确定关系,那他就把表妹介绍给其他人了。

张帆觉得,刘童虽然说毕业后一定要回国工作,万一有变化呢,现在这个机会放弃了,也许以后就没有机会了。而且,如果靠上了副总这棵大树,以后他在公司的好机会就更多了,很可能公司给解决户口,还有可能进入银行工作呢!这样一想,张帆决定,跟刘童分手,跟副总表妹确定恋爱关系。他给刘童在MSN上留了两句话:"对不起,情况有些变化。分了吧。我要离开一段时间。"他不愿意刘童再联系他,就把刘童拉进黑名单,只留下邮箱没有彻底删除对方,但也不回复任何一个字。

无论刘童多痛苦,给张帆写了多少情真意切的信,张帆都视若无睹。毕业后的刘童第一时间回到了国内,但当她站在张帆面前的时候,张帆已经是另一个女人的丈夫了。

上文中的张帆,就是因为缺乏内心的定力,才无法面对环境的变化,无法面对"背靠大树好乘凉"的诱惑,才不能把握自己的意志,坚定自己的内心,放弃了自己的爱情和承诺,也就失去了一个男人履行自己的职责、兑现自己承诺的能力。

男人应该重视以下几种定力的历练:

一、把握正确方向的定力

明确对错是非,做正确的事。只有明确自己的方向,才能做到"任凭风浪起,稳坐钓鱼台",始终如一地朝自己的目标迈进。

二、积极履行责任的定力

现实生活中,每个人具有不同的身份,不同的责任。在家,你可能是别人的丈夫、父亲、男朋友；在社会上，你可能是领导干部、企业家、艺术家、工人、农民、军人……不同的身份就有不同的责任，就要有履行责任的定力。

三、保持头脑清醒的定力

诱惑无处不在，如果你没有清醒的头脑，就容易在诱惑面前迷失自己，就可能失去了自己堂堂正正做人的资本，背弃了自己的承诺。

一个男人，只有具备坚实的内心，才能具备坚实的定力，才能称其为一个顶天立地、堂堂正正的男子汉。

焦急而慌：
——焦急之下慌了神，容易让人钻空子

人难免遇到一些不顺的事情，如果因为不顺而心生慌乱，就难免乱了阵脚，遇到心地不善的人，就难免让他们钻了空子，成为别人欺骗的对象。人在焦急时，往往会慌乱了马脚，给别人以可趁之机，要说一般情况下，男人遇事要比女人冷静得多，沉着得多，假如这个时候连男人都乱了方寸，势必对大局的稳定非常不利。

说到做事的态度和方法，"胆大心细，遇事不慌"是其中重要的一条，但有很多人，在遇到事情不顺利的情况下，就难免心慌意乱，并因此而不知所措、手忙脚乱，如果这种情况下再遇到什么来者不善

的人，就难免被对方哄得团团转，等到识破对方的骗局，错误已经铸成了。

程端正是一个大学三业后留在省城工作了几年的"老男人"，说他"老"，其实他刚刚过 27 周岁生日，可按照他们家乡的算法，因为他生在腊月，一过大年初一就又长一岁，他已经虚岁 29 岁了。

在他家乡，程端正的同学都早已结婚生子，到他这个年龄还没有结婚的，几乎没有了。而他在省城工作，家乡的人开始都很羡慕，父母、姐弟也都以他为自豪。只有他自己心里清楚，省城里的大学毕业生一抓一大把，像他这样一点根基没有的男人，要想在省城站稳脚跟是难上加难！

于是，程端正不怕苦不怕累，勤勤恳恳地工作，没黑没白地为工作奔忙着，身边也没有合适的女性可以追求，别人给介绍的女孩一听他家在农村，怕负担重，一面之后就都没有了下文，所以程端正的婚事就耽搁了下来。

到了他过了 25 周岁，家里早已经急了，他一打电话回家，父母就着急问他有没有找到女朋友。后来他都尽量不给家里打电话，生怕他们问他。可又过了两年，程端正还是没有找到女朋友，程端正自己也慌了神，不知道该怎么解决自己的婚事，心里焦急万分。

程端正听人聊起，有人在婚恋网上找到了女朋友，他觉得这是一条路，所以他也去某个大型婚恋网站登记了自己的资料。结果，过了没有几天，就有一个年轻女人跟他联系，说对他印象不错，希望跟他交往一下。程端正喜出望外，这么快就有女孩看上自己了，他特别高兴。赶忙答应对方的交往请求，不多几天后他们就相约见面了。

一见面，程端正看对方长得挺好看，个头跟自己差不多，内心有点自卑。于是他对对方特别殷勤，请吃饭、请看电影、给对方买衣服……两个人都表现得挺热络。

一天对方说自己父亲在老家被车撞了，肇事车逃跑了，现在还在找对方，手术费就得先自己掏，要不就有生命危险。她向程端正借一万块钱。程端正家底本身就薄，这几年虽然攒下一点钱，还指望拿这个钱娶媳妇呢。但对方看程端正犹豫，就哭着说："你还说喜欢我、爱我，现在我爸爸都要没命了，我就跟你借一万元，你见死不救，不借给我，你是爱我吗？我有钱就还给你！"程端正让她这么一哭，心里就乱了，他想，好容易找到这么一个女朋友，再为了这一万块钱就吹了，不是也冤枉吗，之前花的钱不也白费了吗？所以就借给了对方。女朋友拿了钱，高兴地走了。

又过了没几天，程端正的女朋友再次向他借五万块钱，说："上次手术了，但是大夫说了，父亲脑子里有出血，必须再做手术，否则就可能会瘫痪在床上，大夫让准备十万元呢，我们家人都去找亲戚朋友借钱了。"程端正想，五万啊！还没有跟我怎么样呢，就要借这么多啊？对方马上跟程端正说："要是你不借给我钱，我爸万一瘫在床上了，那我这辈子不就毁了吗？我家就我一个女儿，我不是得回家伺候我爸爸吗！"

程端正最怕的就是女朋友没有了，可让他拿出五万块钱，那几乎就是他全部积蓄的八成了，于是他给了女朋友两万，让她先拿回去给家里。

程端正没有想到的是，这两万块钱一拿走，他的女朋友也没有了音讯，开始手机只是打不通，不久后就干脆成了"您拨打的电话是空号"。程端正更加慌了手脚，赶紧报警。

几个月后，警察通知他，他的"女朋友"找到了，但姓名不是她告诉程端正的那个。而且她是个已婚妇女，有个女儿都三岁了。而程端正的钱也追不回来了，因为那个女人的丈夫已经提出离婚诉讼，因为没有借据等有效凭据，不能把她骗走的钱作为婚姻内夫妻共同的债务而要求她丈夫还钱。而她骗了的钱，都让她挥霍光了，程端正只是受骗人之一，这样的男人有十几个。

程端正差点就在派出所哭出来，他想自己辛辛苦苦攒下来的钱，就这么让人骗走了三万啊！

当今社会，随着社会的进步和科技的发展，除了文中这种靠程端正这样的人的同情心和本身有些自私的心理来欺骗的只是其中一小部分，丢钱包、卖黄金、发现藏宝图、挖出古玉雕也是司空见惯，已经被越来越多的人识破，已经不容易骗到什么人，手机、邮箱、空间……不断出现的中奖、罚款、传票等各种看起来恩威并施的骗局，花样翻新，有些犯罪团伙甚至用高科技手段诈骗他人，所以每个人都该提高警惕，遇到什么问题，冷静处理，之后再做判断，这样才不会被心术不正的人钻了空子，成为他们诈骗的对象。

怎样防止被人恶意诈骗呢？我们可以从以下方面做好防范，杜绝自己成为别人垂钓的"鱼"。

一、提高防范意识，学会自我保护

不轻信他人，防止自己的善心被人利用。

二、戒绝贪图便宜的心理

如果你贪图一时一事的小恩小惠，就容易被坏人利用，成为他们的目标。

三、注意自己个人资料的保密

能不注册的网站就不要注册，以免被盗取了自己的个人信息。

四、遇事冷静，不慌张

无论遇到小事还是大事，都要先让自己冷静下来，才能有缜密细致的思考和判断。

败露而慌：
——坏事儿怕败露，有点响动就害怕

古语云：不以善小而不为，不以恶小而为之。坏事不能做，一旦做了难免心虚，整日处于惊恐之中。

每个人都应该有明辨是非的能力，有起码的道德观、是非观，知道什么该做，什么不该做。万一做错了事，也该有承担后果的勇气。一味地躲避毫无任何益处。

陆英在一家中外合资的生物制药公司做财务主管，工作环境好、福利好、待遇高，陆英自己满意，周围人艳羡的眼光，也让他自己觉得很得意。

转眼陆英就在这家公司做了近三年了，忽然有一天，公司出事了，据说给他们做上游的产品辅料的加工厂出了问题，连带引起他们的药品也有了质量问题，可能要停业检查。

这事事出有因，原本跟陆英的工作本身没有太大关系。老总也召集公司中高层的管理人员开会，安抚民心，告诉他们，不要着急，公司会安排处理有关事宜，各位的工资在停业期间也不停发。等事情过去，公司还会照常营业，大家还是各负其责，等待事情过去就好。

听了这话，大家都像是吃了一颗定心丸，放下心来。唯有陆英，还是显得忧心忡忡。老总一向觉得陆英做事能力不错，工作也算兢兢业业，虽然有一点点小浮躁，还不是什么大毛病，看他脸色不好，特意会后留下他，跟他单独谈谈。

当老总问陆英，他有什么问题吗？陆英说，他想起来，曾经有一次，他给公司副总报销的发票，好像有一张有点问题，数额上万，好像可能是假发票。当时他碍于面子，没有跟副总去核实此事，也没有跟老总汇报情况。但现在，他怕这次检查查出来毛病，会给自己或者给公司带来麻烦。

老总安慰陆英说："这次来检查的，是质检部门的，不是工商税务，不会去查发票。你能说出问题，就不错。以后再有这种问题，当时就应该弄清楚。这次汲取教训吧，我也不会因为这个问题而处罚你，你也不要担心什么别的了，安心等待工作就好。"

虽然老总这么说，可是陆英整天提心吊胆，找了身边所有懂财务、懂法律的朋友、熟人，生怕自己有什么事情发生。尽管所有人都觉得没有什么大不了的，让他少安毋躁，陆英还是觉得内心不安，手足无措。停业的时候，陆英在家里看谁都没有好气，整天在家里摔摔打打的，弄得年幼的女儿都怕他，不知道爸爸怎么变了一个人一样。陆英的妻子哄完孩子还得哄陆英，也跟着陆英着急。

直到检查团离开，公司回复了正常运作，陆英没有看到什么不好的事发生，老总也信守诺言，没有处罚他，才算是踏实下来。

如果做的是件不太严重的坏事，就会有内心惶惶不安的感觉，生怕被人发现。如果做的是一件严重的坏事，危害更大。如果坏事做得多了，自己都已经没有退路了，那时候后悔也为之晚矣！

　　如果做坏事，大的肯定要危害到国家的利益、人民的利益，小的也会危害到他人的利益，但更严重的，是会让做坏事的人，损害他自己的灵魂，让他自己有所谓"亏心"的感觉，损害他自己的身心健康。所以做坏事，本身就是对一个人的最大的惩罚。

　　佛学有"因果报应"一说，科学有"力与反作用力"的理论，放在"做坏事会不会遭报应"这个问题上，答案自然是明显的。

　　俗话说，"善有善报恶有恶报"。个别时候，人们似乎看到坏人比好人还活得更风光、更滋润，有些人甚至羡慕那些坏人们，因为他们可以吆五喝六、得意扬扬、呼风唤雨、招摇过市，甚至欺男霸女、草菅人命，似乎可以不受任何惩罚。但我们看到的只是表面现象，因为还有一句俗话说，做贼心虚。做坏事的人内心没有好人那么坦然，他们终归无法过得很舒坦，总是担心东窗事发，坏事败露，因此终日提心吊胆，不知道什么时候，正义之剑就会落到自己的头顶，得意的时候就成为永远的追忆。

　　不做坏事，才是避免害人害己的唯一办法。

懦弱而慌:
——碰见厉害的就惊慌失措，这样的男人不安全

男人是女人的主心骨。如果遇到什么事情，男人表现得比女人还软弱，就没法让女人感觉到他可以支撑自己，给自己安全感，这样的男人，不可靠。

两性之间，由于天性的差异，人们对男女的要求是有所不同的。一般情况下，人们对于女人的懦弱、胆小、脆弱，是能够原谅的，眼泪是女人的专利和武器。而对于男人，正面的概念，理应是坚强、坚定、理性、理智、果敢、勇敢、踏实、可靠……诸如此类。唯有如此，男人才可以撑起一片天，为自己、为自己的家庭、自己的女人和孩子创造一个安全稳定的环境，让女人有种有所依靠、有所依附的感觉。

如果一个男人，个性懦弱，缺乏自信，遇到什么问题，内心比女人还慌乱，没做坏事都像是做了坏事的样子，碰到比自己厉害的人，就无端地退缩，甚至用眼泪来博取同情。这样的男人，可悲又可怜，缺乏男人应有的"男子气概"，他又怎么可能让女人觉得可以依靠呢？

肖琳刚刚通过朋友介绍，认识了一个男朋友李凡。李凡是一个研究生，文质彬彬、眉清目秀的样子。李凡也觉得肖琳性格活泼大方。他们彼此印象不错，所以虽然认识不久，但恋爱进展情况良好，准备长期发展。

夏日的一天，他们俩晚上在外面随便溜达，走到肖琳家附近一个研究所的试验田边，就扒开树篱钻了进去，坐在地头，头上是微弱的星光，附近蛙鸣和蝉鸣响彻一片。好不浪漫和惬意！

还没等他们好好享受这夜景，就听到一声大喝："干什么的？出来！"一只手电筒的强光照了进来。

李凡慌了神儿，小声问肖琳："怎么办啊？好像是警察！"

肖琳回答说："警察就警察，怕什么啊！"

李凡和肖琳牵手出了树篱，看到几个联防队员，面色冷厉地对他们说："走，跟我们去派出所！"

肖琳心想，我们又没干坏事，去派出所谁怕你们啊！

到了派出所，他们俩被分别带到了不同的房间，问的问题无非是你是谁他是谁，你们什么关系，在哪儿工作，你们家住哪儿，父母是谁。诸如此类的。

肖琳嘴很硬，她说："我是成年人，我做什么跟父母无关，也没有必要告诉你们我父母是谁。我又没有犯法，这个城市实行宵禁吗？有规定不许晚上外出吗？没有的话，为什么我不可以跟我的男朋友深夜在外面！"

肖琳一副义愤填膺的架势，连警察都觉得好玩了，派出所的人打算放他们走。这时从旁边屋子走过来一个警察，好像是这个派出所的所长。他说："这俩小孩真好玩，女孩比谁都横，男孩比谁都怂。这丫头说话这么狂,那小子正好相反,谁也没有怎么样他,哭得跟个娘们一样!"

然后这个警察看着肖琳说:"你男朋友不怎么样嘛!太怂了!"说完笑着摇了摇头。然后派人叫来李凡,说:"外面不安全,赶紧送你女朋友回家吧。"

李凡出来后得意地告诉肖琳:"他们问我什么,我都假装吓坏了,就哭,什么也不说。他们就没治了。"

肖琳气坏了,说:"哭?瞧你那点出息,真有你的!你干什么坏事见不得人啊,问你你不敢说话?你这样的男人让人靠得住吗?算了,我们分手吧!"

结果,就因为这件事,肖琳真的跟李凡分手了。

这样的结尾的确出乎两个人最初的想象,但我们可以想象得到。试想一下,如果那个晚上李凡和肖琳遇到的不是警察而是坏人,李凡又会怎么做呢?他会不会丢下自己女朋友于不顾,任由坏人伤害她、欺负她,只顾自己的安危呢?没有人知道答案。但肖琳担心李凡会这样,因为他内心懦弱,让她失去了可以依赖他的安全感。

一个男人,如果内心懦弱,就失去了男人天赋的本性,不可靠、不可信,当然也就不可爱。

男人的个性也有所不同,但个性懦弱,总不是优点和可取之处。怎样避免自己个性懦弱呢?

一、相信自己

你的自信不能是别人给的,只能自己去建立。如果你不信任自己,别人怎么信任你?如果任何事,你都相信自己可以完成,然后去尽力而为，即使最终的结果不够完美，不尽如人意，那你也能做到问心无愧。

二、接受历练

一个人的个性可能是勇敢坚强，也可能是懦弱自卑。当你经历人生的困难和坎坷，如果你愿意去面对，你就会发现自己越来越坚强、越来越勇敢。只有这样，你才能呵护好你爱的人和爱你的人，才能给你的家庭一个安全可靠的保证。

三、注意细节

性格懦弱的人，平时都会表现出来，比如语速很慢、声音很细小，走路速度慢而无力。如果你想改变自己，就要从一点一滴的小事开始，改变自己。说话放大声音、加快速度，走路用轻快有力的步伐大步前行。如果你坚持这样做，你会发现，你的懦弱怕事的个性也随之改变了。

抉择而慌：
——犹豫不决心慌乱，这样的男人不机智

在遇到一些事需要决断时，必须意志坚定，心中有数。如果你犹豫不决，内心慌乱，就可能无法做出正确的选择，最终导致自己吃亏。这样的表现，不是一个聪明机智的男人所应该的。

很多情况下,有些人,能力原本不差,脑子也不是不好用,但做事的时候,一旦可能牵扯到人情、关系、感情等附加条件时,就会影响了自己的判断力和决断力,脑子一慌,心一乱,就不知道该怎么样才好,心慌意乱的结果,导致最终做出错误的判断和选择。

比如项羽在跟刘邦争斗的时候,如果项羽不是一时犹豫,因为所谓的"妇人之仁"而放了刘邦一马,最终放虎归山,而是在鸿门宴上果断地杀了刘邦,也不会最终有一天弄得自己"无颜见江东父老",自刎于乌江,也许中国的历史就由此改写了。

陈林原本在一个世界五百强之内的电子企业工作,负责公司产品推广。他的朋友蔡广胜准备要注册一家同类的电子公司,想要他去帮忙。因为蔡广胜原本是做房地产的,不熟悉电子产业。陈林介绍了原本是自己手下工作的朋友过去,他不是很想离开自己现在的公司。

但两个朋友过去后,蔡广胜还是觉得有些实力不足,坚持让陈林过去,说公司算他们四个人合股,他出钱,陈林三人出力,另外两个朋友也希望陈林一起做事。陈林架不住朋友的劝说,犹豫之下还是辞去了之前的工作,到了新公司,负责整个公司的运营、业务推广和财务。蔡广胜只负责投资。另外两个朋友也各司其职。

陈林和另外两个朋友,利用他们手头的资源,跑工商、跑税务,联系客户……终于,一切就绪了。

蔡广胜跟陈林约定,公司股份,蔡广胜占百分之五十五,陈林和两个朋友各占百分之十五。那两位朋友的月薪是8000,陈林是12000。陈林跟蔡广胜说:"我保证,两年内公司的业绩达到300万,在那之前，我都只要先拿4000就行了。"他觉得公司既然也是自己的，理应在公司创业之初，一起分担压力。但蔡广胜跟他们都没有签合同，陈林有些犹豫，要不要跟蔡广胜谈这个问题。后来犹豫再三，陈林自己放弃了，还劝说两个朋友，不签就不签吧。因为陈林觉得，既然都是朋友，弄得那么一板一眼的，就生分了。

后来发生了一些事，蔡广胜的妻子很想加入公司，而且想要把财务管理拿过去管。而最初四个人的约定，是各自的家属不参与公司管理，所以陈林的两个朋友坚决反对蔡广胜的妻子加入进来。

再后来，陈林发现账面上少了50万，但看不出哪儿出问题了。陈林问过蔡广胜，是不是他转走了，蔡广胜否认了。陈林觉得，他负责财务，必须把账务弄清楚，才对得起其他三个合伙人，于是他动用了自己的关系，仔细核对账务，最终发现，钱是蔡广胜转走了。

蔡广胜看瞒不下去了，先是说自己把钱拿去买车了，等有钱会还回来。陈林不同意，说钱必须现在拿回来，要么就得给公司写借据。否则这样一来，你许久之后再拿钱回来就等于你增资扩股了，那我们其他三个人所占的比例就降低了，这样不合适。

蔡广胜恼羞成怒，就撕破了脸，说："公司本来就是我的，我想怎么样就怎么样，谁管得着！"

陈林内心觉得很气愤，也很伤心，想自己辛辛苦苦为公司做了两年，现在弄成这样，也觉得对不起他带来的两位朋友，更后悔自己当初一犹豫，没有签合同，才弄得自己只能吃哑巴亏，于是陈林最终愤然离去。蔡广胜也只按照每月4000，把欠他半年未付的工资付给了他。

好在陈林两个朋友表示跟他共进退，也跟他一起离开公司，而他们的客户也表示，已经签了合同的，会继续跟这个公司完成，但之后，只要陈林还做这一行，他到哪个公司，他们跟他去哪儿。这一切，让陈林心里感觉稍许安慰。

陈林能够得到朋友的支持，客户的拥护，说明他做人应该是成功的。但在做事方面，由于他的犹豫不决，造成了他事后的为难。怎样避免出现这样的状况呢？

日本知名管理顾问本田直之指出，决策的流程包括"明确目标→汇集信息→过滤可能的决策选项→预测决断后的状况→实施目标"五个步骤，很多人对于前两个步骤都能很快掌握，但进入"过滤决策选项"这个环节，当出现多个选项时，就常常会出现"这个方案不错，那个也挺好"，犹犹豫豫，无法决断。

以下 3 个方法，可以提高决策力，避免无意义的犹豫。

一、确定底线

要设定一个目标，"这个条件必须达到，否则宁可不做"，或者"如果有风险，最大的风险我可以承担多大？"或者找出"我绝对不能做的是什么？"比如上文中的陈林，如果当初设定"即使是朋友，该签合同一定要签，否则就是不合作也罢"的底线，就不会出现今日的难过和损失。

二、转换视角

很多人遇到问题就会惊慌失措，或者一时冲动，而做出错误的判断和选择。旁观者清，如果你冷静思考，把自己的问题，当作是别人的问题来思考，置身事外，就可以不带情绪地想问题，就很容易找到问题的症结和解决的最好方式。

三、把选项模式化

碰到你无法决断的情况时，可以像肯德基的套餐一样，汉堡＋薯条＋饮品，第一选择一种汉堡，第二无须选择，第三在有限的几个选项里做出选择，就不会不知道吃什么了。解决问题也可以这样，先把流程设定为几个步骤，每个步骤有若干选项，然后一个步骤一个步骤地往下进行，决定了的就别再回头，就不会犹豫不决了。

第六张 傲,

孤傲和冷峻,两者并不是同义词
——傲气的原因,是男人最隐晦的内心世界

　　男人多少都有点脾气,其中傲气就是一种。事实上,一个傲字可以分拆成几种不同的含义,有的人士骄傲,有的人士傲骨,而有的人则是因为内心世界无法敞开而引出来面目冷峻。因此,我们真的不能将孤傲和冷峻摆在一起,认为它们是同义词,因为前者已然不知道自己是谁,而得意忘形。而后者是太知道自己是谁所以产生了忧郁,不愿意过多地自我表达而已。

尊严而傲：

——尊严第一，男人本该有的傲骨精神

拥有刚直不阿的傲骨，是一个人傲立世界的支撑和资本。这样的傲气，才能体现出一个人的气节。有些人疾恶如仇，对看不惯的事情，眼里容不得沙子，有什么样的情绪，都写在脸上，毫不遮掩，表现得淋漓尽致。

我国唐代有一个说法，说著名诗人李白不能弯腰，是因为腰间长了一个特殊的骨头——傲骨。后人用傲骨来比喻高傲不屈的性格。

俗话说，人不可有傲气，但不可无傲骨。如果一个人，连内心的傲气也失去了，那就失去了做人的自豪和铮铮铁骨，就会让自己内心脆弱不堪，就会沦为别人眼里的软骨头。所以，一个人有没有一副正直善良、坚毅果敢、刚直不阿的傲骨，是体现一个男人有没有足以傲视世界的资本之一。

一个男人，有了这样的傲骨，就可以独步世界，横眉冷对这个世界的不平、不公和误解，甚至轻辱和侮蔑。这样的人，会为美好的事物所感动，为他体会到的温暖所幸福，为他人的善意心存感激之情，为别人的一点帮助泪流满面。同时，面对于他看到的不平、不公，或者其他让他觉得不满、不快、愤懑、憎恶、排斥的事情，绝对不能忍受。

郑阳在一个培训公司从事培训组织工作，他要做的事，是按照公司内部所划定的区域，把公司安排的培训计划通知到相关企业，当他所管辖的区域内有足够多的人数，足够开办一个培训班的人员时，就向公司提交培训计划，落实培训专家、培训场地，然后带专家到办班的当地去进行培训。

有一次，郑阳去某地组织培训，因为这次培训人员比平时多，老总给他配备了一个同事赵成前来帮忙，给他们俩的分工是，郑阳负责培训和师生间的沟通，赵成负责收培训费、开具发票和食宿安排等后勤事宜。

当他们乘坐第一辆出租车下车时，郑阳听到赵成跟出租车司机说，"多开十块钱的发票！"郑阳内心充满不屑，赵成看出了郑阳的鄙视，就赶忙解释说："咱们刚才搬运行李不是没有发票嘛！"郑阳从那时起，到了结账的时候就干脆走开了。

第二天的午饭，郑阳跟赵成发了火，因为赵成安排午餐，只定了一桌十个人的午餐，剩下的人，只能跟其他就餐的人拼桌，结果本来应该固定一人一份相同的午餐，吃出若干样，而被学员拽住问问题的老专家到了餐厅的时候，居然暂时没有饭吃！

回公司之后，郑阳无意中看到赵成写给老总的进出款项的汇总，意料之中同时也是意料之外地看到，赵成连续几天的伙食费都是按照全班六十人全部就餐而定，而事实上，最多的就餐人员只有四十多人，最少只有十几人。

但奇怪的事，老总好像总是刁难郑阳，一点小事就跟郑阳发火，郑阳原先为了争取客户帮助提供其他客户资料而向老总申请宴请对方，老总走之前是同意的，结果回来之后老总把报销单摔到郑阳面前，说："你建立客户资料是为你自己，凭什么公司给你埋单！"郑阳百思不得其解。

不久后的一天，老总又跟郑阳发了一通火，起因是客户发来一封公函，对公司提出更换培训教师的说法，觉得很不负责任，所以不能接受。而当时郑阳所在公司是以关联单位的名义办班的，老总不在，关联单位一位领导正巧来公司办事，郑阳觉得事出紧急，牵扯到关联单位和公司的声誉问题，当日又是周五，怕耽误了，于是把那封公函交给了关联公司领导，那位领导答应处理此事。没想到老总居然说郑阳"胳膊肘向外拐"，用公司利益去讨好客户，还企图瞒着自己跟关联单位领导沟通，是"挖墙脚"，郑阳终于忍不住跟老总狠狠地吵了一架，他把喝水的杯子拍在桌上的时候，胳膊都在桌边上磕青了。郑阳当下提出辞职，但考虑到应该为关联单位和公司负责，他愿意办完这期培训班再离开。

几天后，冷静后的老总不想让郑阳离开，所以在他办完班回来的时候，亲自开车去车站接郑阳。但郑阳觉得，自己不能在一个不信任自己并用猜忌和侮辱来对待自己的公司待下去，所以他在写完开班结业报告之后，还是坚决地离开了。

时隔两年，老总郑重请郑阳回公司参加公司内部活动，他告诉郑阳，当初是赵成骗自己说郑阳在外办班的时候，乱花公款。直到一次办班，老总亲自前去，赵成还在酒店的安排上跟老总要心眼，贪污公司的钱，老总才想到，郑阳当时离开，很可能是被赵成诬陷的。老总说他很后悔当初跟郑阳说那些侮辱他的话，说公司需要郑阳这样刚直不阿的人。

郑阳再次谢绝了老总请他回公司工作的要求，他笑了，带着尊严和自信。

尊严，是一个人安身立命之本，行走江湖之道。如果一个人，不能有尊严地活着，就算他身价千万、亿万，就算他高官厚禄，终究犹如行尸走肉。

印度的著名政治家圣雄甘地曾经说过："自尊不是自行放弃，谁都没法剥夺。"就是说，如果你带着尊严去面对所有的人和事，你就会得到人们的尊敬和器重，他们会仰视你，把你视为知己的楷模，而失去了尊严就真正失去了自我。

因荣而傲：

——得了荣耀，扬眉吐气是必需的

每个有自尊心的人，都会格外地注意自己得到的荣誉和奖励，因为那是自己付出的努力得到了肯定、赞誉和回报，所以当一个人由于某种突出贡献而获得了某种荣耀，对于绝大多数人来说都是一件值得自豪、值得骄傲的事，喜形于色或者感觉扬眉吐气，那是自然的、正常的心理反应。

人是一种群体性的、社会性的动物，我们生活在人群之中，每个心理正常的人，都会在意自己在人群中的社会地位和社会评价，但我们付出种种努力，在学业上取得优异成绩，在工作上获得极大成功，在业务上极大提高，在专业上取得新的研究成果……凡此种种，获得了周围人群的赞誉、好评、欣赏、肯定和鼓励，都会在内心产生一种发自心灵深处的自豪感，深深地为自己感到高兴和骄傲，这种情况下，一定会表现得兴高采烈、心花怒放、扬眉吐气……

梁冬出生在一个并不富裕的家庭，所以他从小就知道，必须通过自己的努力才能获得更大的成功。所以，从小到大，梁冬一直毫不吝啬付出自己的努力，在学校，梁冬一直是最用功、成绩最好的学生。高中的时候，梁冬就知道利用假期去做家教，一方面可以帮助父母减轻生活压力，另一方面，更多地充实自己的学习内容。终于在高中毕业的时候，梁冬凭自己的努力考取了北京的一所大学，学习他自己一直喜欢的戏剧艺术专业。

到了大学毕业的时候，梁冬更是知道，他不可能像其他家庭条件特别好的官二代、富二代可以依靠家庭得到更好的工作。于是，他不断出入于各个招聘会场，更是独辟蹊径地自己拿着自己的成绩单，去跟自己专业对口的单位，挨家挨户地问对方，是否招收大学应届毕业生。

功夫不负有心人，梁冬终于找到了一个愿意招收应届毕业生的单位，但不能解决户口，暂时也不能签署正式的工作关系，只能是以临时工的身份签署短期劳动合同。梁冬珍惜这来之不易的工作机会，他答应了这近乎苛刻的工作合同，在这个单位留了下来，凭着自己的努力和用心，他得到了领导和周围同事的肯定，虽然也因为梁冬的身份，他被个别眼高于天的人视若无睹，但绝大多数人都很赞赏梁冬的努力。当单位有了一个解决北京户口的指标，领导第一个想到了勤恳踏实的梁冬。

凭着自己对艺术的刻苦追求和踏实肯干的精神，梁冬不断取得进步，最终，他成功地成为2008北京奥运会组委会导演组和2009年中国建国六十周年大型文艺活动组委会导演组的核心成员，实现了他人生的最大梦想。

当梁冬取得这样的成绩时，周围的人都为他高兴，当初看不起梁冬的人也都伸出了大拇指，真正觉得自己自愧不如，梁冬的眼睛里露出平和而扬眉吐气的微笑。

一个不期待自己获得成功的人，总是具有某种心理缺陷的人。因为所有生物，都有优胜劣汰的先天的竞争机制，何况处于生物进化最高点的人呢？

成功是每个人的梦想，但成功不是天上掉馅饼一样地从天而降的，必须通过不断地努力、不断积累才能获得。怎样才能获得更大的成功，可以从以下几方面做出努力：

一、找准自己的人生目标

每个人都有自己的天赋和特长，理智地分析自己的优点、特点和弱点、缺点，是非常必要的。各行各业有各种不同的职业要求和特点，你只有根据自己自身的长处和特点，找到适合自己发展的行业和职业，才有可能得到更大的发展和更长足的进步。否则，你可能付出很大的努力，也无法取得成功，事倍功半，甚至一事无成。

二、脚踏实地

不言而喻，每个人的聪明才智是不同的，但只有脚踏实地，一步一个脚印地向前走，才能够更好地发展，取得更大的成功。

三、持之以恒

做事认真、努力并不一定很难，难的是一直认真、努力下去，持之以恒可以帮助人们不断地进取，不断取得新的进步，这样就能不断地加强自身的正能量，把一切做得更加尽善尽美。

四、聪明地做事

有人做事用巧劲儿，有人却用笨办法。这两种人，谁更容易取得成功呢？答案不言自明。聪明不是投机取巧，是充分利用自己的优势，注意扬长避短，就能比较容易地获得成功。

五、充分利用自己的环境

人是群体性动物，所以我们常常强调团队的力量。如果一个人，能够充分利用身边的环境，把周围的人群都团结在自己周围，就可以更多地得到他人的帮助和支持，也就可以借力，促进自己走向成功。

愤恨而傲：

——看不惯的事儿，全写在他脸上了

有些人，做人毫不掩饰自己的内心，刚正不阿、爱憎分明、性情孤傲，喜欢的事物毫不掩饰他们就是喜欢，同时对不喜欢的事物也清清楚楚地表现在脸上，没有丝毫想要掩饰的想法。他们的表情可以一目了然地让人看到他们的内心。

性情孤傲的男人，表面的孤独与内心的高傲集于一身，他们在意自己的感受，相信自己的判断，更多地生活在自己的世界里，内心有着别人没有的敏锐。这种人生态度的形成，往往起源于他们从小经历过一些特殊的经历，或者由于个性的突出，或者特别聪明，或者特别敏锐，锋芒毕露，所以他们仿佛孤芳自赏的隐士，常常表现出喜怒皆形于色的特点，尤其对于他们看到某种为他们所不能接受的事物时，内心的感受就会格外突出地显示在他们脸上。这种情况下，我们能从他的脸上，清清楚楚地看到他内心的那种不屑、轻蔑和厌恶，所有的看不惯，都写在他的脸上。

性情孤傲的人往往比较自我，但并不自私。他们觉得没有必要掩饰自己的情感，虚与委蛇，所以坦然地表达自己内心的情感。他们是内心坦诚的人，所以对待身边的一切，真实坦率是最突出的特点。对待自己无法接受的人和事，他们会表现得冷漠，甚至厌恶。

李方是一个20多岁的年轻男人。

自从李方11岁的时候，他的父亲因为商界的纷争失败愤而自杀，他的母亲为了不让自己的孩子受委屈，作为单亲妈妈，独自带大了李方和他的双胞胎妹妹，李方就过早地成熟了，他深刻地体会到了一个男人所应该有的自立与自傲。所以，在他15岁刚刚初中毕业之后，他看到母亲一个人工作带大他们兄妹俩的辛苦，也感受到一些人欺负他们孤儿寡母的那种义愤，他觉得作为家里唯一的男子汉，他不能让母亲独自一人吃苦受累、忍受委屈，而妹妹的学习成绩比他好，又是女孩，理应受到呵护和照顾（虽然妹妹不过比他晚出生不到半个小时），于是李方决心辍学，提前工作来帮助母亲，同时他答应母亲，他一定通过自学来完成学业。

开始因为年龄小，学历又低，李方很难找到像样的工作，他做过很多很杂的工作，清洁工、快递员、搬运工、保安……有人开始看不上李方，觉得他年龄太小。干不了什么；有人欺负他，在他干完活后拖欠他的工钱甚至赖账不给，李方一直默默忍受着。

同时，李方一直记得他跟妈妈的承诺，他一定要完成学业，不让妈妈失望。于是他在工作之余，利用业余时间和他自己所具备的语言天赋，刻苦自学日语，终于在他19岁的时候，就很熟练地掌握了日语，并且翻译了近两百万字的日语文学作品和日文资料，他终于可以凭借这样一技之长而不用再做苦力了。

他22岁那年，李方母亲遇到一个男人，轻信了这个男人的花言巧语，开始跟这个男人谈婚论嫁。最初李方是理解母亲的，他觉得母亲为了自己和妹妹一直很辛苦，十多年自己独守空房，现在自己和妹妹都大了，妹妹眼看就要大学毕业，已经有了男朋友，不久后的将来就可能嫁人，而自己也大了，如果母亲找一个合适的伴侣，他也会觉得很安心。

但当他有一天，看到那个男人跟一个年轻女孩在街上搂搂抱抱，他知道母亲喜欢的这个男人绝非可靠之人，他的眼中冒着火，充满了愤恨。他很想走上前去，狠狠地打那个男人一个耳光，告诉他离自己母亲远一点。但李方知道自己必须冷静。他找调查公司，查到了那个男人的底细，他是为了李方母亲得到的父亲的遗产而来。

当那个男人又一次来到李方家里，李方冷冷的脸上写满了鄙夷、厌憎和愤恨。李方后来独自找了那个男人，当他看到李方眼里的表情，自己就心虚起来，结结巴巴地表示要给李方母亲幸福。李方掏出一个信封，摔到那个男人脸上。男人看到调查公司拍到的他的照片，再看看李方愤恨得仿佛要杀人的眼神，知道他的骗局再也无法进行下去，于是自动撤退了。

性情孤傲的人内心是非分明，不屑于玩弄权术和投机，这是他们最大的优点。只要孤傲的人不是过于孤僻，以至于导致自恋，都不会有什么不好。但如果孤傲到自恋的地步，就有可能使人陷入自闭的境地，导致对自身之外的人过度的心理防卫，长此以往就会让人思维狭隘，导致人际关系交往的障碍，不仅不利于跟周围人群的关系，也不利于自身的发展。

争锋而傲：
——厮杀争斗，拔得头筹喜忧参半

一个没有好胜心的男人，某种意义上就失去了进取心，必要的好胜心是让人进步的基础。但如果一个男人好胜心过于强烈，任何事都想占得先机、拔得头筹而争个你死我活，得到的结果未必全是喜悦和快乐，也许还有更多的压力。

男人好勇斗狠，某种意义上说，是动物的天性之一，动物世界里的雄性动物，总是会为了争夺食物或配偶而打得你死我活，甚至不惜两败俱伤，这是雄性动物的本能决定的。但人，之所以有别于动物，在于人有发达的大脑，有缜密的思维，因此我们不必像动物一样时刻处于拼杀的恶劣环境之中，人生除了拼搏还有其他很多有意义的事情可做，比如跟心爱的人一起享受爱情的美好，陪伴家人共度温馨时光，阅读美文，欣赏美景，倾听美妙的音乐……

如果一个男人，过于好斗，就容易陷入无边无际的争斗中去，忘记或者忽略了人生其他有意义的事，满眼看到的都是"敌人"，这样的人生就会让自己感觉时刻处于紧张状态中，随时面对形形色色的敌人。即使一场战局获胜了，还有下一场等待着你，高兴之余马上又得陷入下一场紧张的状态中，这样的人生就会让一个男人疲惫不堪，永远无法放松下来，享受人生的种种快乐。

王兴是一个好胜心特别强的男人，打小就特别喜欢跟人争勇斗狠，从不肯服输。对于各方面不如他的人，他挺友善的，从不欺负人，但一旦他觉得你可能跟他竞争，王兴就像变了一个人一样，随时准备红着眼睛跟你拼斗一场。

小学的时候，王兴有一次跟一群同一个大院的孩子们一起比赛骑车，一个男孩赢了，王兴获得第二。王兴觉得对方作弊，胜之不武，跟对方吵了起来。那个男孩说了一句难听的话，气得王兴把自行车一扔，就扑过去，跟那个男孩打了起来，把对方的胳膊差点给拧折了。王兴父母跟对方父母都是同一个单位的同事，气得王兴的父亲押着他，去另一个男孩家跟人家赔理道歉，去了之后，王兴一句话不说，王兴父亲只好替他道歉了事。

上大学的时候，一次打饭，王兴不小心把面条汤洒在了一个不认识的同校同学手上，王兴主动跟对方道歉，但对方还是忍不住骂了他一句，这下把王兴那种不服输的劲儿又激了出来，他直接把面条都扣到对方头上，并为此挨了一个处分，一直到毕业，这个处分都压得王兴抬不起头来，直到毕业前夕，这个处分才被取消，

王兴大学毕业后进了一个竞争激烈的公司，从事业务拓展工作，

公司采取末位淘汰制,每月、每季度都统计成绩,每季度成绩最差者自动离开公司,拿不到任何补偿。王兴喜欢跟人拼,他喜欢这样有挑战性的工作,他的业绩一直很好,为此王兴得到公司很多次表扬和奖励,同事钦羡的目光也一直让他暗自得意着。但之后王兴所在的公司业务部来了一个新同事刘浩然,他跟王兴同样有竞争力,也同样能干,也同样喜欢争强好胜,所以他们俩成了彼此明争暗斗的对手,王兴第一次感到自己有了棋逢对手的感觉,觉得刘浩然的确不可小觑。

果然,刘浩然来公司半年以后,就凭借自己的努力,以及在其他同类公司工作所取得的经验和对本行业的了解,两个季度的总成绩,王兴只和刘浩然打了个平手,这对于一两年以来,业务推广业绩几乎都是第一的王兴来说,显然是不能接受。而且王兴听说公司将在他们俩之中选择一个人,提升为公司业务部经理的消息,更是志在必得,决心打赢这场战斗。

接下来的3个月,王兴使出浑身解数,动用了所有可以动用的资源,不辞辛苦地多次去往各地,南征北战,为夺取竞争的胜利而努力着。刘浩然也同样在为胜利拼搏着。

3个月之后,王兴以微弱的优势赢了刘浩然,还没有等到王兴充分享受胜利的喜悦,就在比赛结果出来之后的一两天,传来刘浩然胃病住院的消息,而且据说情况严重。细细打听之后王兴才知道,刘浩然原本胃就不好,一直有慢性胃溃疡。对于这次的竞争,刘浩然也看得特别重,所以虽然感觉胃部不适比以往情况要严重,但他都坚持着没有去医院,疼起来就吃胃药压下去。直到比赛结束,刘浩然才在同组同事的督促下去了医院,结果诊断的结果是,胃溃疡引起出血,再稍稍晚两天来医院,刘浩然就很可能因胃部穿孔致死。但即使现在勉强保住了性命，刘浩然也必须做胃部切除术，因为大夫说他的胃，就像一个烂抹布，这边缝合那边又挣开了，所以只能勉强保留四分之一大小的胃，他得有相当一段时间，必须在医院度过，什么时候可以出院，遥遥无期。

当王兴去医院看望刘浩然，发现原本又高又瘦的他，现在更是瘦到皮包骨头的地步，身上插满输液管、胃管、引流管、导尿管等各种各样、大大小小的管子，眼神无力、面色苍白，就连微笑一下都如此费劲。

王兴的内心被震撼了，他第一次低下了高傲的头，极力控制着自己眼中的泪水。从医院回来，王兴想了很多很多，难道这就是他要的胜利吗？难道这就是他要的结果吗？这样的胜利，以牺牲了刘浩然后半生的健康为代价，值得吗？他自己有一天会不会也像刘浩然一样，在医院度过自己的后半生呢？

最终，王兴向公司递交了辞呈，他需要调整一下自己的状态，仔细思考自己的人生，决定给自己放一段时间的假期，让自己能够平心静气地去思考这些问题。

争强好胜是男人的天性，男人依靠这样的好胜心来战胜敌人，提高自己，获得爱人，这是动物"弱肉强食，物竞天择，适者生存"的自然法则的反应。虽然现代人早已不需要利用杀死猎物来果腹，但好胜的进取心仍然是人，尤其是男人所必须具备的，如果一个男人缺乏竞争意识，就失去了进取的雄心壮志。

当然，凡事都有两面性，没有进取心是不可取的，但如果一个男人，过于争强好胜，遇事就想跟对手拼个你死我活，甚至不惜一切代价，把所有人都看作自己潜在的敌人，必欲置之死地，那就有些过犹不及,反而会让自己整天活在浑然无序的状态中,甚至泯灭了自己善良的天性。那么,即使他取得了这次竞争的胜利,获得了战绩,也无法让他发自内心地感觉开心,因为还有下一个敌人,下一个战场在等待着他。这样,整天厮杀争斗,有始无终,这样的日子何处是尽头!

攀比而傲:
——彼此攀比,映射出的是无知与贪欲

是人就有攀比心,这是无需争辩的事实。其实,攀比也并非都是坏事。如果说,我们能够通过攀比,发现自身的不足、认识自己的独特、承认与别人的差异、确定努力的方向、激发合理竞争的欲望,那么我们提倡大家去攀比。这样比有什么不好?这样比也能促成进步,这样比是可以的。

但是,如果说我们什么都要比,聚在一起就要比事业、比地位、比房子、比车子、比银子……非要比出个谁强谁弱,比赢了就洋洋得意、不知所以,比输了就垂头丧气、耿耿于怀,那就不好了。说实话,这是在给自己找烦恼。我们得明白,这世界上总有人在某一方面比我们强,我们一路比下去,只会让自己越比越急、越比越累。

“攀比”本身没有错,错的是我们对待“攀比”的心态。人一旦有了不正常的比较心,往往意不能平,终日惶惶于所欲,去追寻那些

多余的东西，空耗年华，难得安乐。然而，尽管我们都知道"人比人，气死人"的道理，可在生活中，我们还是要将自己与周围环境中的各色人物进行比较，比得过的便心满意足，比不过的便在那儿生闷气发脾气，说白了还是虚荣心在那里作怪。可是，与别人攀来比去，最后除了虚荣的满足或失望之外，还剩下什么？有没有意义？是徒增烦恼还是有所收获？答案是——毫无意义。

不过这种毫无意义的事情，国人做起来倒是乐此不疲。譬如说下面这几位，简直是立誓要把攀比进行到底：

先说北魏那个王琛，他家中非常阔绰，珍宝、玉器、古玩、绫罗、绸缎、锦绣，无奇不有，常常与北魏皇族高阳进行攀比，要决一高低。有一次，王琛竟对皇族元融说："不恨我不见石崇，恨石崇不见我！"而石崇相信大家都知道，那是一个富可敌国的人。

再说那元融，听闻此言以后，回家加重开始闷闷不乐，恨自己不及王琛财宝多，竟然忧虑成病，对来探问他的人说："原来我以为只有高阳一人比我富有，谁知道王琛也比我富有，唉！"

还是这个元融，在一次赏赐中，太后让百官任意取绢，只要拿得动就属于你了。这个元融，居然扛得太多致使自己跌倒伤了脚，太后看到这种情景便不给他绢了，被当时人们引为笑谈。

还有南北朝时，有一个叫符朗的官员，当时朝中官员们有一个时尚：用唾壶。符朗为了攀比、炫耀，让小孩子跪在地上，张着口，符朗将痰吐进去……攀比到了用孩子作唾壶的地步，简直丧心病狂！

由此我们也可以看出，这几个人之所以乐于攀比不疲，实际上就是一个面子问题。人生在世，但凡是个正常的人，多多少少都有些虚荣，虚荣本来无可厚非，但虚荣之火过了，也便令人讨厌了。

因为盲目攀比，你可能会不知道什么东西才是人生中最重要的，失去人性中最珍贵的正直、善良、淳朴等良好的东西，你可能会试图用自己手中或者身边人手中的权力去换取高额的不正当财产，因此导致可能的犯罪。

一、让家庭承担更多压力

如果你的家庭不能满足你的贪婪和欲望，可能就会让你的家人为此感觉愧对于你，因此可能会用某种错误的，甚至是犯罪的方式，去获得更多的钱财，来满足你的欲望，让你不输给他人。

二、对周围人产生不良影响

你的奢侈会让你周围的人感觉自己自愧不如，就会有某种低人一等的感觉，为了赶上你的"水平"，他们可能就会用各种方式去获得财富，然后达到你现在的"水准"。而他们赶超过你之后，你又会进一步地提高自己的"水准"，并为达到这种目的而采用更多的不良行为，而周围的人又会更多地想方设法去赶超你……这样就会形成一连串的恶性循环。

总之，如果你不跟人盲目攀比，就会感到轻松许多，如果你不把人生的目标定得太高，就会感觉到更多的快乐。同时，你内心真正的轻松自然，也会帮你或者你身边的人，远离因为贪欲可能造成的罪恶。

势利而傲：
——等级意识太强，低估了别人也抬不高自己

社会分工不同，就有不同的职位，不同的职业。如果单凭职位高低来判断别人是否可交，这样的做法不光可能低估了别人，同时更是贬低了自己的人格。

美国国家心理健康研究所的神经科学家的研究表明，等级意识似乎扎根于人的大脑中。

五行三做、五花八门，说的都是不同的职业。职业有不同，职位有高低。但如果一个人跟人交往，恨不得查对方十八代，看看对方家的级别，够不够配得上自己的家庭，这样的人非但不能显示自己的等级有多么高，权势有多么大，反而让人看出你待人接物的势利，更降低了自己作为一个人的品格。

张航有一张俊朗的脸，他喜欢听别人说他长得像年轻时的刘德华。他是一个"干部子弟"，他自己这么说的。他自我介绍的时候经常跟人说"我爸爸是高级干部……"

张航的心里总是很为自己的家庭感到骄傲的。

张航成年后，他母亲经常给他灌输的一个概念就是"咱们家是干部家庭，你找女朋友别的方面怎么样先不说，一定要找个干部家庭的，不然配不上咱们家"！

　　张航大学毕业后，他父亲托人在北京给张航找了个事业单位，合同制的工作。张航父亲说，北京是首都，机会比较多，他让张航好好干，以后没准有机会就转正，然后就升上去了呢！张航心里也这么想，所以就在这个单位待下来。

　　一次同事带他去参加一个朋友聚会，在聚会上，张航认识了一个女孩王娜。王娜身材挺拔，性格开朗，特别爱笑。她也说张航长得像刘德华，这让张航心里感觉很受用。而且王娜说自己一直都是刘德华的粉丝。张航心想，这个王娜是不是对我有意思啊？她家里是干什么的，我回头得问问同事。

　　他事后真的向同事打听了王娜家的事。同事说自己跟王娜不是很熟，好像王娜家里条件不错，回头找朋友帮他打听一下。

　　不久后，正好是春节，王娜没有去过张航家所在的那个城市，打算用年假加上春节，去那边看看，约了张航一起同行。王娜是怕去了语言不通，被人骗了。张航就同意了。

　　到了张航家所在的城市，张航觉得，怎么也得请王娜到家里坐坐吧，于是他带王娜回了家。张航的母亲一看到身材亭亭玉立的王娜，觉得这姑娘长得不错，只是不知道他们家干什么的。她以为这是张航的女朋友，虽然张航说与王娜只是普通朋友，他母亲有点不信。她觉得，既然张航都把这女孩带回家了，肯定不是一般关系。于是张航的母亲借着闲聊的工夫，想方设法打听王娜父母都是干什么的。王娜说："我父母就是一般的普通公务员，没什么的。"

　　一听这话，张航的母亲很不满意，她把张航叫到另一个房间，说："阿航，你怎么能找这么一个女朋友呢，他们家是一般公务员，你爸爸可是干部啊！"张航心想，本来我还托同事向她朋友打听她家干什么的呢，既然是一般人家，,那就算了，我也不用费劲打听了，跟她就当普通朋友就是了。于是张航也就对王娜表现得很冷淡，张航的母亲更是没好气。觉得王娜一个女孩子，随便大过年的就去别人家，算怎么回事嘛！

王娜看出了张航母子态度的变化，没有多说什么，说："我还有个朋友在这里，我去他们家看看，回头我就住朋友家了，就不麻烦你们了，多谢！"

过了春节，张航回到了工作单位，那个带他认识王娜的同事说："张航，我打听到了，王娜家还真不是一般人，她爸爸是国家部委一个副部级干部！"

张航一听傻了眼，他赶忙托同事跟王娜表示喜欢她。王娜对张航同事说："张航那个人跟他妈一样，太势利眼了，算了吧，我可不想要这种男人做老公！"

张航跟他母亲一说，这母子俩，肠子都快悔青了。

中国数千年的封建文化，"学而优则仕"，号召大家争做人上人，而不是号召大家做人中人的教育思想，已经扎根在人们思想中，因此，平等意识和尊重别人人格的意识淡薄。但如果你把"等级"作为跟别人交往的标尺来划分你跟他人的界限，就该想到，天外有天，人上有人，你也会被很多人摒弃在他们的世界之外。

只有学会尊重他人，用平等的意识、平和的心态对待彼此，真正尊重别人的人格，不以职业和职位高低来作为对待他人的标准，才能真正得到别人的尊重，这个世界的大门，也将更多地向你敞开，你也才能因此得到你想要的发自内心的幸福和快乐。

翻身而傲：

———翻身把谁都不放在眼里

由于种种原因，有些人开始处于人群中较低的、不被人重视的地位。一旦攀升上某个"高位"，就觉得自己鲤鱼跃龙门了，判若两人，这样的人生态度实不可取。

不同的人有不同的定位，按照年龄、职责、身份等不同，去区分人与人的不同。但在人们心目中，这种定位是有高下之分的。比如有些父母就觉得，对于孩子，他们是高高在上的，所以可以任意用自己的方式教育、驱使，甚至打骂孩子；部分领导对于手下，是高高在上的，所以领导可以任意指点手下、批评手下，对不服管教的人甚至可以想方设法把你打发走人；个别老师对学生，是高高在上的，所以老师可以批评学生、训斥学生，甚至体罚学生……这些都是例子。

有些人初到一个单位工作时，由于年轻、资历浅、没有经验等原因，是处于这种定位等级的"下级"位置的。随着工作时间的延续、工作经验的增加、年龄的增长，这些人渐渐成熟起来，也因此获得了职位上的升迁。这原本是生活的历练给每个人的礼物，有些人却觉得，"我终于有出头的日子了！"于是，与之前的他相比，似乎变成另外一个人，趾高气扬、飞扬跋扈，让周围的人，仿佛看到一个变成恶魔一般的人。

这样的行为，并不能给自己加分，获得别人的尊重和敬仰，反而会令人生厌、令人生恨，也可能因此断送了自己好不容易得来的职位和权力，闹得鸡飞蛋打一场空。

吴天最近刚刚被老总提升为公司的业务部经理，有关他的负面消息一下子多了起来。他刚进公司的时候不是这样。

因为吴天出生于农村，家境很苦，所以他刚进公司做业务员的时候，表现得特别好，工作勤勤恳恳，吃苦耐劳，任劳任怨。他总是第一个到公司，没有公司大门钥匙的他就等在公司门外，等到其他同事开了办公室门，他进了办公室第一件事是去开水房打开水，然后把整个办公室清扫一遍，什么脏活累活他都抢着干。公司业务是职业培训，要给客户邮寄资料，打包好的书死沉死沉的，其他同事都是两个人抬一包，吴天却是一个人扛一大包。去条件不好的地方出差，其他人都躲着不去，吴天也抢着去。

当时的业务部经理韩青挺看不起吴天的，虽然吴天是他招进公司的。韩青家世不错，为人处世八面玲珑。公司业务部去人才市场招聘的时候，他觉得吴天挺实在的，是个可塑之才，所以向公司推荐，让他进了自己的业务部。但他看不上吴天那么一副对谁都讨好、巴结的样子，所以时常对吴天没有个好脸，有什么受罪的活儿都让吴天去。韩青跟别人说："吴天不是喜欢表现吗？那就让他多表现表现吧！"这话传到吴天那儿，吴天也是憨厚地一笑，好像一点都不介意韩青话里话外的讥讽。所以，韩青跟其他不怎么喜欢吴天的人一样，都不能不承认吴天做事挺刻苦，也肯用心去做。

所以，吴天进公司三年后，在业务部副经理辞职的情况下，韩青向公司推荐了吴天任部门副经理。做了副经理的吴天还是勤勤恳恳的样子，什么事都听韩青的安排。韩青很满意，觉得自己招对了人。

最近不知道出了什么状况，韩青手里的一个客户的大单出了问题，客户也不肯跟韩青沟通，就是说不跟他们做生意了。韩青很沮丧，因为这个客户已经是他五年苦心经营的了。所以韩青表现得有些吊儿郎当，老总很不满意。老总让韩青停职反省，让吴天暂时代理业务部经理。

这就出现了本文开始的那样一个情况，吴天马上拟定了一个《业务部管理制度》交给总经理审批，总经理让交给业务部全体讨论，内容的苛刻，让业务部所有人都要跟吴天急眼。而吴天对韩青也跟之前判若两人，他对韩青颐指气使、指手画脚的。在韩青表现出不满时，吴天对他说："现在业务部我说了算，我说这样就这样，不想干，走人啊！"

业务部的其他人都看不下去，觉得吴天很是小人得志，得意忘形的样子，私下里一致决定，联名向总经理汇报吴天的情况，坚决反对让吴天负责业务部，也绝不能接受吴天拟写的《业务部管理制度》。如果公司强制执行这个文件，他们就打算集体辞职。

总经理听到这种反映，陷入了沉思中："这个吴天，可以委以重任吗？"

职位的升迁，往往跟工资的上涨、权力的增加直接挂钩，人人都希望自己能够坐上高位。但任何单位，高职位的位子就是有数的几个，所以，想要坐到一个好位子，就必须谦虚谨慎，无论职位高低，都不要得意忘形，否则，领导不赏识你，同事不支持你，你怎么可能在你的职位上坐稳？

你只有尊重老板和每一位同事，真诚地对待他们，才有可能给自己创造一个美好的工作环境，并得到更好的发展。也唯有这样，你才能得到更好的工作机会和工作条件，才能以此给你的家庭更好的物质保证。

无本而傲：
——没有资本的傲，往往体现的是轻浮

　　有些人，原本没有什么特殊过人旳才能，也没有可以借重的关系，却偏偏要做出一副高傲的姿态，这样的人只能令人生厌，也会因此断送自己的前程。对于一个男人而言，傲气是需要有一定资本的，假如没有资本还要傲气横生，那么未来只能是失去的更多得到的更少。

　　通常情况下，我们认为，德高望重的人、有过人才能的人是有资本为自己骄傲的，但很多这样的人，反而表现得平易近人；还有一些家庭背景很特殊，有非常深厚的社会资源的人，虽然这些东西不是靠他自身的能力得到的，却也是现实生活中不可多得的无形资产，是他的父辈、家人通过努力换来的，所以我们能够理解这样的人，我们一般也能容忍他们的傲气，但这样的人，也有些表现得很低调，不显山不露水。我们倒是常常可以看到，有些人，既没有超然世外的才华、威名远扬的声望，也不具备特殊的资源，却由于个性张扬，显得十分地傲慢。这样的人，于才于德都不能服众，这种表现只能让他自己在人群中孤立起来。

　　马小鸣是刚进某公司工作的一个新员工，他是某个名牌大学刚毕业的硕士，看他的个人简历，成绩很不错，也担任过大学里的学生会

干部，专业也跟公司完全对口，所以被公司人事部招聘进来。

刚进公司没有几天，公司上下就发现了马小鸣的一个特点，就是他身上有种莫名其妙的傲气，仿佛他很有思想，又仿佛他谁都看不起，谁都不放在眼里。他最喜欢说的一句话是"我知道……"

无论大家议论什么事，无论马小鸣有没有经验，他都抢着发表自己的看法，显得一副很有见地的样子。如果有人不同意他的看法，他会跟对方争论不休，直到对方接受他的意见为止。大家私下里开玩笑，调侃马小鸣，有人说他爹妈给他名字起错了，不应该叫"马小鸣"，应该叫"马知道"；也有人说他的姓和名都错了，不应该姓"马"，叫"小鸣"，而应该姓"牛"，名叫"大了"，全名"牛大了"！

马小鸣好像不知道大家对他的不满，还是照旧，无论什么话题，无论谁发起的谈话，什么事都有他的一份儿。

有一天午休的时候，吃完午饭回来，副总也跟大家一起在大办公室聊天。大家有说有笑的，正聊得开心，马小鸣也吃过饭回到了公司，听副总说了句什么，也没有太听清楚，就插话道："王副总，这个事吧，我知道。我觉得不是您说的那样，它应该是这样的……"

还没有等马小鸣把话说完，副总突然火了，他大声说："马小鸣，你给我闭嘴！你还真以为你是'牛大了'！什么事都有你，什么话都有你！我说话你瞎打什么岔？河里冒泡——多鱼（多余）！以后我说话，你给我哪儿凉快哪儿待着去，别给我废话啊！"

马小鸣不知道怎么得罪了副总，一脸不解和惶恐。他那张总是显得很自得的脸红了一阵又白了一阵，头低了下去。

不论我们能力有多强，内心有多自信，也应该设法避免出现马小鸣这样孤芳自赏、自鸣得意导致的落落寡合的处境。我们可以从以下几方面留意，就能够有助于我们提升自己在人群中的向心力。聪明的男人往往会选择恰到好处地稍微显示一下自己。

一、不要让自己成为孤岛

要知道孤掌难鸣的道理，再能干的人，也需要别人的支持和帮助。如果你在人群中成为一座孤岛，就无法抵御风浪。三国时的刘备虽然能力不是很强，但他有关羽和张飞，就能与强大的魏国、吴国抗衡，现实生活也是一样的道理。

二、不要跟人争执不休

不要主动挑起争执。就算是有人跟你唱反调，也许是他们的问题，看你位卑言轻因此看不起你。但你需要得到前辈的支持，不必对反面意见耿耿于怀。

三、要自信但不过于自我欣赏

保持自己的自信、自我欣赏，都是必需的，你应该对自己有信心。但无须表现得过于锋芒毕露，也不必因为缺乏经验而沮丧。相信自己，就不会时时处处都要靠拔尖来借此显示自己。

四、凡事量力而行

尽最大的努力，同时也要知道，任何人的能力都是有极限的，所以也要量力而行。如果有人总是说你没有做好，自己反省一下，如果是自己的问题要好好改进；如果是对方错了，应该设法跟他们沟通，获得他们的理解和支持。

须知，孤芳自赏，也是需要资本的。修身、齐家、治国、平天下，这是男人的志向的几个方面，但只有具备真才实学，才能一步步迈向远方。

第七张 稳，

淡定神情之下，貌似还有一颗不安分的心
——天塌地陷岿然不动，方显男儿英雄本色

　　什么时候真的碰上这么一个男人，他干什么事儿都神情相当淡定，貌似是天塌地陷岿然不动的，那么你要做好正面反面两种准备，因为这种人可以说是城府很深，不管做了什么事情脸上都可以泰然自若，要么是英雄，要么就是一个最难对付的对手。对于一个女人来说，遇见了这样的男人，既是福气，心中又有些胆战，福气是这个男人必然成大器，即便是现在没有，未来也有这个潜力，跟着他绝对没有错。但胆战的是，这种类似于英雄与枭雄均有可能的人也有着他不稳当的一面，且他不稳当的时候你也看不出来，对于这种人来说，在那张神情淡定，表情如一的脸孔下，往往都会藏匿着一颗并不那么安分的灵魂。

沉着而稳：
——不管遇到什么，他的脸上没有恐惧

男人，遇到突发事件就应该沉着冷静、遇事不慌，坦然应对面临的危险和威胁。如果你内心足够强大，淡定自若的神情也会让坏人胆战心惊。

人生一辈子，很难说会遇到什么事。通常情况下，我们活得按部就班、稀松平常，一切看起来都是如此一板一眼，甚至平常到让人感觉无聊，但平淡的日子里，也难保会遇到什么样的特殊事件。

当我们遇到突发事件，尤其是危险降临时，是最能彰显一个男人是不是具备了沉着冷静、勇者无敌的大无畏精神和坚强的意志力的时候。

如果一个男人，具备了这样的精神和意志，就会面对危险毫不畏惧，坦然以对，把危险化解于须臾之间，让坏人丧胆，让好人心安。

刘明亮在一家公司做业务，之前他在边防部队待过三年，所以有一手过硬的拳脚功夫。他的工作性质决定了他常常要在外面出差。

这一次刘明亮出差云南，跟往日不同，刘明亮的妻子李红也要跟刘明亮同行。李红想利用年假跟着刘明亮一起去，因为李红是北方人，没有去过南方。刘明亮考虑到去的是一个老客户那里，李红随行对他工作影响不大，所以就带李红一起去了。他也提前请好假，打算在昆明忙完工作，也用自己的年假带李红在云南各地走走。

刘明亮忙完公事，向公司汇报了一下，然后就带着李红，在云南的丽江、西双版纳、香格里拉等各处游玩。

在从滇西南回昆明的途中，他们经历了一次特殊的事件。

经过一天的游玩，都很累，他们坐着夜行的大巴返回昆明，准备第二天乘机返回他们所在的城市。大巴在山路上颠簸着，他们有些犯困，李红抱着刘明亮的胳膊睡着了，刘明亮半梦半醒地想着工作上的事。忽然车内的灯亮了，听到一声恶狠狠的声音："都给老子听着，老子没钱花了！把钱、手机、首饰什么的，都给老子拿出来放在我这个背包里！乖乖听话没事，否则，要你们好看！"

刘明亮想到之前有朋友提醒过他，说滇西南靠近金三角地区，贩毒吸毒的人不少，那条路不太安全，朋友曾经劝刘明亮不要带妻子去那里。刘明亮心想，该来的还是来了！李红也被乱糟糟的声音惊醒，很是害怕地看着刘明亮。刘明亮对妻子微微一笑说："没事，别怕！"

刘明亮仔细观察，发现这伙人一共三人，一个拿刀子对着司机，命令他继续开车，一个守在车门边，还一个拿着一个背包，另一手拿着刀，正挨着从前往后让人们把自己的值钱东西放进背包里。眼看就要走到他们身边。

劫匪走到刘明亮身边，对他吆喝着："快点把钱给老子放背包里，别让我急了扎死你，老子今天不想杀人，但你们要是不听话，杀个把人，老子也不在乎！"刘明亮眼睛看向李红，说："把钱包给这个大哥拿出来！"李红不明白丈夫什么意思，紧张得哆哆嗦嗦，迟迟疑疑地从手袋里往外掏钱包。这时身边的劫匪像是忽然发现了什么，他对着面容姣好的李红，脸上露出色鬼模样，跟前面的另外两个劫匪说："大哥，二哥，这边有个小娘子长得特别正啊，咱们爽爽再走！"说着把背包放在脚下，就向李红伸出手去，想摸她的脸。前边一个劫匪大声喊着："老三，别瞎闹了，有钱什么女人找不到啊！我们拿钱就走，别多事！"

正当这个外号"老三"的劫匪从刘明亮的面前伸手过去要摸李红的脸时，就看刘明亮一手抓住了老三拿刀的手，另一只手向上一架，把老三伸过来的手挡了回去，顺势就是一拳，砸在老三的太阳穴上，还没等老三反应过来，刘明亮底下又伸出一只脚，使了一个绊子，同时握着老三拿刀的那只手暗暗使了些力，就听老三"啊呀"一声惨叫，就躺在了车厢地板上。

守在车门边的劫匪一看同伙吃亏，刚要冲过来，就发现他们的"老三"已经被刘明亮拽了起来，挡在胸前，老三的刀已经握在刘明亮手里。就看刘明亮面不改色地大声说："几位大哥，对不起，兄弟也是道上的人，我的老大是谁，我就不说了，省得说出来吓着你们。就请你们高抬贵手，给兄弟一个面子，咱们井水不犯河水，你们下车走人，我们继续赶路。否则，如果非要拼个你死我活，谁手里的刀子都不长眼，你们要是不拿你们的老三当兄弟，那我也不客气！说出去，你们还怎么在道上混啊？"

就看车门边的那个劫匪还有些不服气，他大叫着："大哥，咱们怕什么！咱们除了老三还有咱哥俩，还斗不过他一个人？"就想冲过来。拿刀对着司机的那个劫匪，显然是他们的匪首。只听他叫道："老二，别乱动！老三在他手里，算咱们倒霉，咱们下车！"然后他对着刘明亮大声说："那我就给兄弟你一个面子，但你要保证不伤我兄弟！"

刘明亮考虑到车里环境狭小，弄不好就会伤及无辜，下车跟他们斗，在这荒山野岭、黑漆漆的地方，环境也不熟悉，所以想还是让他们下车走人算了。于是刘明亮一边说："大哥明白人，咱们都好说！司机，请你车速放慢点，几位大哥要下车了！"

司机减慢了速度，但没有敢停车，说了声："门边注意，我开车门了！""老二"一脸不甘心地瞪了刘明亮一眼，先跳了下去。老大要刘明亮先放老三才肯下车。刘明亮让"老大"也走到车门边，把"老三"推了过去，护在司机身边。两个劫匪也前后脚跳了下去，司机"嘭"的一声迅速关上了车门，开足马力向前冲去。刘明亮走回车中部，捡起地上劫匪的背包，像什么都没有发生一样地跟大家说："请大家从最前排开始，排队来我这边，看看口袋里什么东西是自己的，拿回去吧！"

一车人都仿佛刚从梦中惊醒，七嘴八舌地说"多亏这个年轻人，不然我们的东西就都被抢一空了！""谢谢啊！""多谢了！"

李红也仿佛刚刚醒过来，一双妩媚的大眼睛看向自己的丈夫，娇声对刘明亮说："老公，刚才吓死我了！"

刘明亮淡然一笑："别怕，有老公在，什么都不用怕！"

当一个男人看到这则故事时，他也许会说"我也没有刘明亮这样的拳脚功夫，真的遇到这样的事，我也打不过那些劫匪。我能怎么办呢？"事实上，人生中很多事，最关键的地方，不在于你是否具有拳脚功夫，能不能打得过坏人，而是你有没有一颗淡定自若、沉着冷静的心。如果你内心足够强大，遇事不慌不忙，能够冷静、客观地分析当时的局面，就算你打不过坏人，也能找到最佳的方式，去应对任何可能到来的突发事件和危险。你强大的气场会让坏人胆寒，俗话说得好，邪不压正，就是这个道理。

一个男人，就需要像刘明亮这样沉着冷静的大无畏的精神和淡定自若、泰山压顶不低头的气势，才能在遇到危险的时候处变不惊。这样的男人，才能给女人撑起一片天，让女人可以躲在他坚实的怀抱中，找到最安稳、最安全的所在。

逆风而稳：

——矜持可贵，但也评估成功概率

每个人有自己的个性，有些人看起来喜怒形于色，有人却看起来很是矜持，什么事都不显山不露水。矜持不是缺点，但必须自己去评估自己的矜持是否具有积极的意义，才能把握成功的机会。

通常情况下，男人矜持、稳重、沉默寡言，会被认为是成熟男人的标志，但现代社会是一个越来越开放的社会，男人社交圈子的大小是判断开放性的重要指标。对各种文化（包括主流文化和非主流文化）的接纳态度，是社会开放的标志。而一些过于矜持的男人对新文化、新观念、新思想和新事物缺乏感知和积极的认同，这样会影响男人迈向更广阔的世界，无法融入越来越多元化、国际化的社会。

通常情况下,女人比男人看起来对人苛刻、挑剔,男人比女人看起来又随和很多。但男人骨子里对交往对象有一些内心的苛求,是不会显示出来的,他们会跟周围的人群保持一种很谨慎的交往距离。心理学家认为,男人跟女人相比更需要人际交往中的安全感,更需要用一种人格面具用来掩饰自己的真实情感和思想。对于比他强的人,男人往往有一种明显的防范心理,而对于比自己差的人,男人又往往看不起对方。

男人用矜持稳重的表现掩饰着他们的某种内心不开放,主要有以下几种:

一、聚会恐惧症

顾名思义,这样的问题主要指男人在社交聚会中的那种过于谨慎、畏首畏尾情况。

在法国举办的一次大型文化交流活动中,有一家国内的大型文化公司派出两名员工前去参加活动。与会的刘女士虽然英语底子很一般,更不会其他语言。但她觉得,既然来参会的有各国不同人种、不同民族的学者,虽然大家有很大差异,也很难真正融合,但跟其他人交流可以促进自己开放思路,学习到一些不同文化的东西,所以她连说带比画,加上丰富的表情,跟人交流似乎也没有太大障碍。而同去的郎先生却好像很害怕这种场合,远远地躲在一边,尽可能找没有人的地方,有人跟他说话他也是没有什么回应,显得非常窘迫和难堪,似乎让人看起来就像是在脸上写着"别理我,烦着呢"!

这种情况似乎司空见惯,在国内的一些外语学习班上,如果是外教授课的班级,往往是女生表现得很积极,跟老师不断地形成互动,而男生往往一言不发，即使被老师点名，也是勉为其难地说那么简单两句，以至于等最终结业的时候，老师记住名字的往往都是女生，而对男生只能说"Hi"！

二、自我疆界，不容冒犯

灵活的个性、豁达的处世方法、取巧的行事态度是人内在开放性的另一个指标。

很多时候，社交是男人必需的活动，但往往需要一下聪明美丽的女人在其中作为润滑剂，男人才能保持几分儒雅潇洒。如果没有女性参与的社交活动，男人之间似乎就剩下沉闷。

我们常常可以看到，如果两个男人是朋友，他们带着各自的太太参加活动，两个女人之间很容易成为好朋友，仿佛很熟悉的闺密，而两个男人反倒是成了陪衬。而如果是两个女性带她们各自的丈夫参加聚会，就会发现，两位女性好友亲密无间的旁边，两位先生似乎根本无话可说。

面子和自尊心束缚了男人，使得他们相对于女人，缺乏豁达、明快和灵活的自我态度。从心理学的角度来看，男人比女人需要更清晰的自我疆界，他们用压抑来缩小自我疆界，防止自己被冒犯，这其实是一种自卑心理。这样做的负面影响，是使得男人失去优化自己的心境和情绪的能力。

三、难与不同观念和平共处

一个男人说他有钱一定要去国外拿一个身份，然后回国生活。问他为什么要这样做，他的理由是他周围出国生活的朋友都觉得很难融入当地的主流社会。当你反驳他说："没试过怎么知道不能适应？"他说："反正我要在那里生活就觉得没法活！"

事实上，这是由于中国几千年的传统文化的熏陶，使得中国男人内心有一种对异域文化的排斥，而女性比男性易于放弃和创新，更易于包容和接纳，因此女人对多样文化比男人有更好的适应优势。

四、不愿表达情感

情感的开放性，不在于情感表达的外露或含蓄、节奏的快或慢，以及持续时间的长或短，而是指对自我或他人情感的认同态度。男人不看缠绵悱恻、婆婆妈妈的韩剧，似乎不光是女人的共识，也是男人普遍认同的。如果一个男人承认自己喜欢看韩剧，必然会被认为是不那么男人气的。

男人不光不看言情戏，也羞于谈情感或者读情感文章。

有一个妻子很伤心地给心理学家写信说："我看到一篇很好的文章，谈夫妻之间怎么相互交流的。我就下载下来给我丈夫看，结果我丈夫看都不看一眼，说谁看这种无聊玩意儿啊！"很多男人就像《过把瘾》里面的方言，绝对不说一个"爱"字，他们觉得不是心里不爱自己的女人，是说出来就很俗。

沉稳持重是一种优点，但过于防守的内在心理所表现出的这种过度的"矜持"，会让男人关闭了自己的内心。所以，何去何从，每个男人自己细细思量吧！

居中而稳：

——不冒尖的稳，终其一生只有平平淡淡

有不少人喜欢随大溜，信守中庸之道，觉得那样才稳稳当当，不会吃亏。虽然这样可能没有冒进的危险，但也绝对不可能活得精彩，终其一生也只能是平平淡淡而已。

中庸，最简单的解释是不偏不倚、合乎情理。很多中国人信奉中庸之道，把它当作人生哲学的一个重要信条，小到个人修身养性，大到治理天下，都以中庸之道为基础。

这个理论是从孔子的《中庸》而来，孔子提出中庸之道，谈到有三种不同生活态度的人，一种是激进而疾恶如仇的，容易偏激；一种是保守而容易流于消极的；第三种是中行的，介于前两者之间，能够集中前两种人之长，既不冒进也不消极，既不退缩也不偏激，向前可以坚持正义，向后可以抵制邪恶，这种中立不倚的态度是难能可贵的。孔子还拿颜回和舜作为两类具有典型性格的代表，颜回是知道一种好的道理和事物，就会一直兢兢业业地去身体力行的人，其中重要的基础是择善而固执；而舜的三个特点则是注重平凡的人的观点，重视表扬他人而不批评他人，掌握两极然后采取折中的办法去治理百姓。

现代人却忽略了孔子的中庸之道的积极的一面，把坚持正义和原则，"择善而固执"忘左脑后，只记得凡事不超前不落后就叫作中庸。就常常用这样不前不后的标准要求自己，觉得这样最妥帖、最有安全感。

王潮是一个国有大型企业的员工，刚刚三十出头的他，已经有了胖胖的将军肚，走路迈着四平八稳的脚步，一副不慌不忙的样子。他最常说的一句口头禅是"着什么急啊？就我这样不紧不慢才稳当！"

要说王潮的前三十年的确算是很"稳当"的。从小学到高中，王潮的成绩没有进过前二十名，也没有当过倒数第几。无论家长怎么着急，他的成绩总是那样，在全班五十多人的三十名前后晃荡。

他的数学老师兼初中班主任都曾经半开玩笑半认真地跟他说："王潮你能不能给我考个好点的成绩，哪怕就一次，突破二十大关，考进前二十名呢！那我就奖励你，下学期让你做课代表！"没想到王潮想也没想就说"我才不想着那个急呢，就这样，我也没拉下来咱们班成绩。当课代表多累心啊，还得管收作业、发习题，还得监督大伙学习，我不想做。我就这样挺好的，您还是去找那些咱们班最差的吧，让他们成绩上来点，不就行了！"班主任老师只好无奈地摇了摇头。

虽然后来王潮考大学成绩差，没考上正规院校，但王潮级别不低的老爹给他花钱弄了个民办大学的毕业证，又设法安排他进了国企，这样旱涝保收的地方，只要不出大错，就可以一直混下去。

王潮最近生了一场大病，感冒并发肺炎，然后又转肾炎，住了半个多月的院，输了十几天的药水，王潮在医院的病床上想了很多。他想起两年前同学聚会，有些人成了企业家，有人从政也身居高位，有人成了音乐家，有人成了著名教练。虽然他跟那些下岗的，或者做小买卖的同学相比，还是挺有优势的，但躺在病床上的王潮想，难道我这一辈子就这么混完了？我一辈子似乎都没有拼过什么，再过几年，如果我想拼，我还有那个体力和精神头儿去拼吗？我这辈子是不是就彻底完蛋了？

想到这里，王潮蒙着被子，大哭了一场。他觉得自己再也不能这样继续下去了，否则自己的一生真的都等于打了水漂了！

中国人一向信奉中庸之道，怕的是"出头的橡子先烂"，所以有不少人，喜欢随大溜，不占先，不落后，不愠不火，不疾不徐，觉得这样才活得自在、稳当。殊不知，就像拿破仑所说"不想当将军的士兵不是好士兵"，如果你时时处处不冒尖、不出头，自然不会被人枪打出头鸟，但是，也绝不会抢得先机，赢得干净利落。

中庸之道，从正面看，是不偏不倚，在中庸的原则下去处理问题。回想一下中庸之道的由来就可以想到，那是处于封建制度下中国人生存的大哲学。因为封建社会突出强权、专治，强调皇帝的基业"稳定"。君君臣臣，父父子子，少说一句可能说你不忠不孝，多说一句可能造成杀身之祸。所以那些为官者为求自保，就以"中庸"的态度来对待，不求成大事，但求无大过。

但如今时过境迁，封建王朝统治的时代一去不复返，面对开放的世界，全球化的市场经济竞争机制，使得人人平等、强者为先的普世价值观成为大势所趋。如果这种情况下，你还是秉持着"中庸之道"而故步自封，最终一定会吞食自酿的苦果，被飞速发展的时代所淘汰。

一个不思进取的男人，也不可能给身边的女人带来幸福，创造更好的明天。

无欲而稳：
——人生如真无欲，生活难有兴趣

有些人觉得什么事都安分守己，没有欲念，就可以无欲则刚。如果一个人什么欲望都没有了，生活还有乐趣可言吗？

很多人以为出自佛经的一句话，叫作"无欲则刚"，其实这句话在佛学传到中国前数百年前的孔子的《论语》里就有记载。有人简单地把这句话理解为，没有欲望，你就什么都不怕。其实，这句话讲的是人应该有海一样宽阔的心胸，山一样博大的情怀，既要宽容待人，又要为人正直，大公无私，没有私欲，才能无私而无畏。这是一种理想化的心理境界，真正能够达到的有几人呢？

太过于在意或者苛求什么东西，你就会变得不自然，反而不容易得到你想要的。无欲则刚，不是说应该没有任何欲求，而是降低关于获得的渴望，你的内心就会很强悍。

但反过来，你没有任何渴望与追求，连你自己想要什么都不明确，又怎么可能获得任何东西呢？

王正这个人，就像他的名字一样，四平八稳，没有什么歪的邪的。这是他的优点。但他除了这个优点之外，似乎也难以找到什么其他优点或者缺点，因为他实在没有什么特点可言。他的妻子吴可就觉得王正这个人特别无趣。

吴可当初跟王正谈恋爱的时候，就觉得他对什么好像都没有多大兴致，她提议看电影，王正会说"哦，好吧，那就去看吧"。看什么呢？王正的回答往往是"你定吧，我无所谓"。两个人外出吃饭，王正也往往说"我吃什么都行，你想吃什么就吃什么吧"，最初让吴可觉得王正这个人挺能对付事儿的，但也还觉得王正随和。

吴可的母亲对王正的"随和"大加赞赏，她跟女儿说："大小姐，你就不要挑剔人家王正没有性格，什么事都依你了。你看看你那个同学姚瑶，她倒是找了一个活泛人儿，有个性，一天到晚说瞎话比说真话还说得顺溜，哄得姚瑶团团转，最后怎么样？还不是离婚了！你说王正没有追求，对什么都无所谓，这是随和啊！随和不好吗？随和就跟谁都能处得好，人缘好就做什么都好办啊，就是出错了，别人也都不会跟他计较啊，这有什么不好的呢？"

所以，虽然吴可觉得王正身上总是缺少点什么，也说不出他到底哪些方面有问题，所以最终就嫁给了王正。

婚后的日子，两个人天天一张床上睡觉，一个锅里吃饭，王正的问题出在哪里，吴可算是能够看得清楚了，她发现，王正这人没有什么大缺点，但是也没有什么大优点，因为他对生活也罢、工作也罢、他自己的前途也罢，统统没有任何追求。

王正对琴棋书画或者任何文体活动没有一样感兴趣，不抽烟不喝酒；工作他只要每天完成自己本职那点事儿和领导安排的活儿，其他不愿意多想一点；对跟朋友、同学往来一点都不热衷，有聚会能不参加就不参加；每天吃饭吃什么，王正对吴可的问话总是回答"填饱肚子就行，吃什么都无所谓"。就连闺房之乐，吴可在婚前听其他女同学尤其是她的闺密姚瑶所描述的那样地激情和甜蜜，婚后在王正这里丝毫没有体验过，王正总是按部就班、按照程式化的方式完成"例行公事"，次数按照结婚年限逐渐减少。

吴可觉得这样的日子过得太过于沉闷无趣，有一天，她实在忍不住，要跟王正好好谈谈，王正让她有什么就说吧。当吴可把自己内心积郁已久的不满和不解一股脑儿地倾诉出来之后，王正不紧不慢地说："你说的也不算没有道理。但是你知道，中国有句老话，叫作'无欲则刚'吗？我对工作没有过高的要求，那是我没有野心，没有野心，就不会犯错；我对生活没有奢求，我就不容易贪污腐败，对吧？我对性没有要求，这样我就不容易出轨，跟别的女人乱来，是不是这样？你说我这样不是很好吗？你有什么可不知足的呢？"

吴可对于王正的回答说不出什么不对来，可她内心却越来越觉得压抑和愤怒，她不知道可以怎么改变王正，她在心里问自己，难道这辈子就跟王正这么"无欲则刚"地过下去吗？人生如果没有任何欲念，也就没有了任何追求，那人活着，到底图个什么啊?! 我嫁给王正，又图个什么呢，就是一纸婚书吗！

西方哲学家康德曾经说过，推动历史进步的是性和欲望。这种说法也许有些失之偏颇，但是也不无道理。

笔者曾经有个朋友，一家大公司的老总，他曾经很认真地说："男人生平三大快事——干大事，开快车，追靓女。"这句话像是前一句康德的话的注解，虽然这话看起来很粗俗，但它说明了男人的野心和追求。

女性朋友怎样在最初相识的时候就判断一个男人是否有追求，可以从以下几方面多加留意观察，可能就能帮你筛选掉一些男人，避免自己最终落入吴可那样的无奈境地。

一、有品位的衣着

不要选择那些油头粉面的家伙自不用多说，也不要选择那些穿着拖鞋进豪华酒店，或者穿着一双球鞋去参加 Patty 的男人。前者是些装腔作势、虚张声势的家伙是肯定的了，但如果一个人过于朴素，到了不修边幅的地步，不要相信某些人说这样的男人是假装没有钱的款爷，他们是没有品位、没有追求的男人。

二、正常的谈吐

如果一个男人开口就说自己多么有钱，能够给你什么车、多大的房子，这个人多半是骗子；但如果一个人跟你说话，说到他自己的时候总是顾左右而言他，这样的人，要么没底气，要么不真诚，这种人也未必是真正有实力的人。只有他能够像一个普通人一样，平平常常地跟你交流，这个人才是今后会让你觉得"正常"的男人。

三、得体的举止

如果一个男人刚认识就对你动手动脚，表现得像一个猴急的色鬼，这个人可能根本就是一个色鬼，不要也罢；但一个男人如果交往之初，不能表现出起码的热情，好像你是可有可无的一个人，说话不敢直视彼此的眼神，说话有气无力、握手没有一点力度，那么这样的男人也跟他说 bye – bye 好了。只有能够表现出应有的礼貌、尊重、大度、规矩和起码的热情，这样的男人才是正常的对女人有好感、有兴趣的男人。

四、正常的金钱观

刚认识的时候为讨好女性，乱花钱，不管东西值不值，都买给女人的男人，不一定是合适的人选，他可能只是急于追到你；但如果一个男人连吃顿饭都想不起来请你,这样的男人也不能要。精打细算,但也不吝于花该花的钱,这样的男人才是可选的。

五、广泛的爱好

闲聊的时候仔细留意他话中的答案,五花八门什么都会玩的男人,可能是一个花花公子,做情人胜过做丈夫;而如果一个男人,什么都不喜欢,什么都不爱好,这样的男人恐怕就是非常无趣的人,对生活、对人生都没有什么追求的人。想想看,一个对自己都没有要求的男人,还会带给女人什么呢?

虚假而稳:
——说谎话像实话的男人最可怕

完全不说谎的男人可能真的凤毛麟角。但如果一个男人,把谎话当作真话,甚至说谎比说真话还自然,这样的男人才是十足的可怕!

想要男人不说谎也的确很难,因为他们都得身兼数职,妈妈的儿子、老婆的老公、儿子的爸爸、领导的孙子、美眉的帅哥、粉丝的楷模……还有一种说法是男人原本不想说谎,是女人给他们的压力太大才逼得他们撒谎。于是,撒谎也有了种种的说法和理由。

为了让你消除疑虑,他会说"我怎么会骗你";为了让你安心,他会说"我没事";为了不让你失望,他会说"我没有你想象的那么好";为了增强自信,他会告诉你"我能干好";为了让你高兴,他会说"这衣服穿你身上真好看"……害怕被忽视、被批评、被误解、害怕担责任,这些通常被称作善意的谎言。

把谎言分为善意的谎言和恶意的谎言,如果按照有害程度来看,倒也有几分道理。但如果一个男人,说谎话说得煞有介事,让他自己都以为谎言就是真话,甚至说谎话比说真话来得更自然,这样的男人就令人恐怖了!

柳林是个不年轻但很单纯的女人,独身一个人的她喜欢上网。一天她在网上看到一个人的日志,写的内容是批评一些男人,不记后果地把身边的前女友或者前妻的私密照发到网上,对对方不负责任。柳林觉得这个男人很不错,于是加了这个男人为好友。男人自我介绍只说了自己叫小宝,却未告诉柳林他的全名,但柳林并没有觉得有什么不妥。

开始男人给柳林留下非常好的印象。比如他告诉柳林,有什么网上的麻烦事,有人找碴儿之类的找他帮忙;比如他听说柳林的电脑换了内存,他告诉柳林不必换什么配件了,他回头给拿一个二手的比较好的电脑来;柳林感冒了,男人让柳林注意吃药,别熬夜,多喝水……事无巨细,关怀备至,让柳林感觉温暖。

男人给柳林讲了自己的身世,说自己出身军人世家,单亲家庭,有一个住在五十米不到的地方的哥哥,但常年见不了两面。他说自己正常情况下该进部队的,但是因为各种原因而无法参军,于是就只好放弃了当军人。然后他不幸卷入一个杀人案,十几年都不敢回家,在全国各地颠沛流离,最终在南方边境小镇凭一张假身份证待了下来,娶妻生子,直到他母亲告诉他,他的事已经了结,他才回到京城,现在做的事却跟政治有关。他自称有一个女儿，单亲家庭的他原本想跟妻子白头偕老，但无奈两个人的文化差异实在太大，最终还是没有走到一起；现在有个女朋友也要分手了，分手的原因，是她无法容忍他的女儿跟他们一起生活，而他不能让女儿再在单亲家庭长大。

同样单亲家庭有一个不够爱她的哥哥的柳林，深深同情这个男人，于是决心等他跟女朋友分手后，好好爱他，让他和女儿都能幸福。以至于当某天这个叫小宝的男人忽然消失不见，手机不接，短信不回，QQ登录也不说话的时候，她甚至担心"小宝"是因为跟她说的话招来什么祸事。柳林想起一句老话"我不杀伯仁，伯仁因我而死"，她想要是真这样，她得难过死，所以有一段时间柳林魂不守舍，替"小宝"担忧。

直到有一天，柳林忽然发现，"小宝"的QQ签名写着"love you~老婆"，柳林几乎愤怒了，想不清楚这个"小宝"撒谎的目的何在？她在QQ给"小宝"留言"我以为你是个堂堂正正的男人，没想到你怎么也这样！"有人回话说："我是小宝现实中的妻子，我老公本来就是堂堂正正的男人，你凭什么这么说他，你是谁啊？"

柳林才知道，这个自称"小宝现实中的妻子"的女人，跟她一样，恐怕都是小宝那真实的谎言的受骗者。

那么怎样识破男人的谎言呢？一些言谈举止之间的小细节，可以暴露出男人是否在说谎。

一、置身事外

说谎的他把自己喜欢"择出去"，主语里尽可能避开自己，好像可以避免遭受上天的责罚。比如说他以车坏了为由撒谎，就不愿意说"我的车坏了"，而是说"车坏路上了"。

二、眼睛向右上方看

一般撒谎的人不喜欢跟人对视，除非受过专业训练。撒谎的人在撒谎的时候下意识地眼睛会看向右上方。

三、特意盯着你

比正常看人的时间要长，这有可能是担心你识破他的谎言而故意为之。

四、声调变高、语速加快

如果你问他什么，"你是不是骗我了？"他的回复语速比平常快，或者声音尖细，那十有八九是了。

五、不愿发誓

虽然很多国人并非宗教信徒，但还是怕发假誓会遭天谴或者报应，所以如果你怀疑什么，可以用娇嗔的口气说"那你发誓！"如果他说的是谎话，通常情况下，他会说"我骗你干吗"、"不信拉倒！"

六、不自然的微笑

正常的微笑看起来很自然、很舒服，但如果说谎的情况下，为了让自己的谎言像是真的，男人会假装微笑，来作为证明。但这种笑容看起来不自然，有种皮笑肉不笑的感觉。

七、很多其他小动作

当你跟他证实什么的时候，摸鼻子、揉眼睛、皱眉、摸嘴唇或下巴等，这样的举动，也十有八九证明他说的不是真的。

异念而稳：

——憋着做坏事的人，往往也是沉得住气的

有些成心要干坏事旳人，因为内心做好了充分的准备，所以反而看上去若无其事的样子。不像偶尔做坏事的人，会有些慌慌张张的不自然的神情。他们的沉得住气，是因为他们心怀鬼胎。

有些人看起来沉稳淡定，但他们未必活得那么堂堂正正。有些人的沉得住气，是因为他们心怀鬼胎，处心积虑或者蓄谋已久。在他们外表沉稳的表象下，掩藏着不为人知的阴谋。正因为蓄谋已久，反而不像一些偶尔做坏事的人那么绷不住劲儿，慌慌张张，胆战心惊的样子。他们往往看起来从容不迫，时刻准备好用阴谋去对待他人。

洪艳跟秦龙结婚已经马上十年了，他们俩有一个可爱的儿子，已经7岁，上二年级。秦龙自己开办了一家贸易公司，生意一直做得挺顺利，洪艳在一家国企做行政。秦龙经常天南海北地到处飞，洪艳则基本不出门，在家里负责儿子的饮食起居。朋友们都开玩笑说他们俩是典型的"男主外，女主内"。

因为秦龙时常出差，所以洪艳向自己所在的公司提出，能不安排自己出差就不要安排，否则孩子没有人照料。洪艳因为工作表现不错，深得老总喜欢，所以公司也比较照顾洪艳，不是特别需要的情况下，

一般都不安排洪艳出差。

这次有个一个月的学习却必须让洪艳去，一来是提前很早就安排了的，二来跟洪艳所做工作完全对口，有同一系统内很多其他企业的同行前去，所以老总早在半年前就跟洪艳打了招呼，让她提前安排家里的事。

事到临头，洪艳还是有些放心不下儿子。没想到，秦龙特别爽快地跟洪艳说："你去吧，没事，家里有我呢，我不出差，等你回来再说！"

平时洪艳要出差，秦龙常常是一百个不情愿，这次倒是好得特别。洪艳没有多想，高高兴兴去了南方学习。那些天，洪艳几乎是天天给家里打电话，问秦龙家里的情况和儿子的情况，秦龙总是说，什么都好，让她放心学习，不要分心。

有一天，临近学习结束，洪艳忽然接到儿子打来的电话，儿子在电话里哭，让妈妈赶紧回来，说爸爸要搬家了。洪艳觉得很奇怪，马上给丈夫秦龙打电话，问到底怎么回事。秦龙说："没事！我想把家里好好收拾一下，趁你不在，省得让你操心，准备等你回来给你一个惊喜，所以没有告诉你，你别胡思乱想啊！"

听了丈夫这番表白，洪艳心里才踏实下来，觉得老公对自己真好。等到学习一结束，洪艳顾不上跟其他同学结伴旅行，就赶紧给丈夫和儿子分别买了礼物，急忙赶回家中。

拿钥匙却打不开自己家的大门，正在门外折腾着，里面有人开了门，却不认识开门的是谁。一问对方，对方的回答让洪艳吓得当时都差点瘫倒在地，对方说房子已经被她丈夫转让给自己，说她丈夫欠了自己很大一笔货款，拿房子抵债了！

等到洪艳再赶去丈夫公司，居然听说，公司已经破产，现在也已经转手他人了。

洪艳好容易找到自己的丈夫，发现秦龙带着儿子，从自己家的别墅搬到了一个破旧的居民楼的一居室里。秦龙说自己的生意早就出了问题，但他不想让洪艳着急，想挽回损失后再告诉洪艳。但因为国际形势不景气，加上给自己运货的船遇到海盗，被抢一空，所以没有办法只好申请公司破产，这才给洪艳设法留下了三十万元的存款，好让她跟儿子有个栖身之地。他要洪艳跟自己"离婚"，说这样才能把这三十万留给洪艳娘俩。

洪艳恋恋不舍地跟秦龙办理了"离婚手续"，她以为秦龙真的是为他们母子俩着想，离婚只是做给别人看的。但不久后洪艳听人说秦龙好像跟他之前的秘书来往密切，似乎已经同居，她才觉得这个婚离得蹊跷。洪艳找了一个一上学就对她有好感，现在开律师事务所的同学暗中调查前夫秦龙，才发现，公司财产和家里的房产都是秦龙做了手脚，并不是真正破产，而是为了跟小三在一起，而使出的奸计！

洪艳想起离婚时秦龙做出的那种坦然自若的样子，心里恨得直痒痒！她请同学帮忙，按照法律，要求法院重审他们的离婚案，维护自己和孩子的合法权益。

对待这样的男人，你最好敬而远之。如果不幸，你真的成为他身边最亲密的女人，最好想办法全身而退，就是最大的幸运！正所谓人有好有坏，有些时候，做一件坏事，要比做一件好事更需要专业技术，更需要多动几个心眼儿，因为他必须要做到滴水不漏，即便做了坏事也要最大限度地降低自己外界的不利影响，而且还要把所有的利益都划分到自己这一边。

曾经有一位公安部门机关人员说，一般来说，当一个人准备实行一定的破坏行动的时候，都会自己在家里耐住性子思考很久，一定要细致全面，以求万无一失。什么时间，什么地点，用哪些人，做什么提前的准备，都会在很长时间进行系统的整理。我们没有必要觉得所有人都是坏人，但对于现在的世道而言，在相信别人的同时也应该对这种居心叵测的人有所防备，必定人生只有一次，假如遭遇了一个精心设计的骗局，很可能这一辈子都会因为这一件事儿发生改变。

懒惰而稳：
——不是真的稳，而是真的懒

有些看起来似乎四平八稳的人，说话慢条斯理，做事不急不慌，其骨子里不是稳重，而是懒惰，这种看起来的稳重其实只是懒洋洋的表象。

现实生活中我们常常可以看到这样一些人，他们往往有一副大肚能容的外形，看起来心宽体胖，说起话来慢慢悠悠的，做事不慌不忙，不急不火，仿佛很有条理，一副胸有成竹的样子。真正熟悉了，你会发现，他们更大的特点，并不是稳重，而是懒惰。

懒惰在不同的文化里有不同的标准，按照天主教的教义，懒惰是人类的七宗罪之一。现代社会竞争激烈，各种压力重重，每个人都有逃脱压力，让自己放松或者小憩，也是自然正常的反应。但如果排除了身体的过于疲劳和忧郁症的症状，一个人总是懒懒散散，缺乏行动的欲望，什么都不想做，就是懒惰的表现。

高洋是一个企业的员工，人们往往忘记他的名字，而称呼他"高胖"，他长得又高又胖，一看就是小时候营养过剩的那种孩子。

的确，高洋的家境不错，父亲生意做得很大，母亲是个家庭妇女，所以作为独生子的高洋从小就没有吃过什么苦，是所谓泡在蜜罐里长大的。因为父亲忙于生意，疏于管教高洋，而高洋母亲整天跟人约了逛街或者打麻将，所以小时候高洋是保姆带大的。保姆为了让高洋不吵闹，常常给他很多零食吃。所以高洋印象中的很多日子就是不停地吃东西，之后玩游戏。

长大后的高洋仍旧如此，你很难看到他为工作的事着急的时候。每当他做什么，有人催促他的时候，他总是一句话："唉，你着什么急啊？"

刚跟高洋接触的人，都喜欢高洋沉稳的个性，但稍微时间一长，就知道，高洋做事是太懒洋洋了。因此，他的工作岗位已经调换好几次。最初根据他的专业让他负责公司网站建设，但高洋无法在规定的时间内完成网站的改版；然后公司安排他负责网络管理，但按规定每天至少要更新十条以上公司网站的新闻和维护公司论坛，高洋还是做不到；现在公司让高洋负责整个公司的网络支持，如果宽带有问题或者设备需要更换，就是高洋的事，高洋还是做得不紧不慢。常常听到有同事在叫："高胖，你怎么搞的，怎么还弄不好啊，我急死了！"然后还是听到高洋不紧不慢的声音："你着什么急啊！"

公司领导已经听到不少对高洋的反映，说他工作不给力，耽误事，

要求更换别人来做技术支持。

懒惰的最大恶习就是做事拖拖拉拉，一天能做完的事非要拖到下一天。这样的结果是让自己放任自己，让周围的人无法信任你，让你的老板无法赏识你。这样长此以往，你会离成功越来越远，当然，你也会离幸福的家庭越来越远，离甜蜜的爱情和那个小鸟依人的爱人越来越远。

生活中我们会看到一些男人，被身边的女人唠叨："天塌地陷了，你怎么还稳坐钓鱼台。"对于一个懒惰的男人而言，他首先挂在口头的一句话就是："着什么急？"

第八张 呆，

目光迷茫混沌, 疲惫中渴望一份温暖
——越是心力交瘁越希望别人的感情救赎

相信男人会发呆都能发出无数种寓意吗？没错他们就是这样的人才, 迷茫的时候会发呆, 安静的时候会发呆, 回想浪漫一刻的时候会发呆, 受了惊吓的时候也会发呆。当然发呆还有很多很多原因, 不管怎样, 那呆滞的表情并不意味着这个人内心真的犹如他平常表现的那么强大, 相反, 越是在他心力交瘁的时候越是希望一份感情的救赎, 假如在这个时候, 你真的可以成为他自认为了解自己的人, 那至少对方真的会把你看成是可以一生吐露心声的朋友。

怀念而呆：

——容易陷入回忆的男人很怀旧

有些男人，时常一语不发，即使身边有很多人，他们也仿佛只有自己。但他们不是自私的男人。当你细看他们的眼神，就会发现，他们的眼睛里写着故事。

有些男人，对用过的旧物都很珍惜，会整理得井井有条；他们会记得很久很久以前发生过的事；对老朋友也特别在意，有些朋友可以一交就是几十年。这样的男人就是喜欢怀旧的男人。

怀旧的男人可能独坐酒吧，一个人品着一杯酒怀想过去；可能独自漫步街头，追忆过去发生的点滴往事；可能独自在暗夜里躺在床上，睁大双眼，在熟悉的音乐里感受某种只有他自己清晰的东西。

有些怀旧的男人时常陷入深思，所以看起来似乎总是落落寡欢，即使在人群中，他们也总是独坐一隅，脸上似乎没有任何表情，不说，不笑。但你如果留意他们的眼睛，就能从那里面读到他们的故事，他似乎呆滞的表情，并不是说他们的内心犹如死水一潭，波澜不惊。而事实上，他们内心情感丰富，往往经历过曾经沧海的沧桑，不苟言笑的表情下，深藏着遥远的记忆。

　　李尧正是这样一个男人，他是一个中学教师，但看外形，你肯定会觉得跟中学老师的标准似乎相去甚远。他留着一头超出标准的长发，不上课的几乎所有时候，人们看到的他总是戴着墨镜。他基本不怎么跟周围的人交谈，常常一个人面无表情地坐着，脸上的黑超掩盖了他的眼神，不了解他的人觉得这个人有意装酷，可能会对他颇有微词。

　　但不要被他的外形吓到，李尧是学生公认的好老师，学校领导和同事们也早已习惯了这样一副表情。即使最挑剔的家长，通过接触，也认可了这个老师是个很不错的老师。

　　事实上，知道李尧经历的人，都很同情他。

　　李尧曾经有一个美好的家，他的妻子年长他两岁，跟他是同校的校友，毕业后又做了同事。她当年在学校是校花。所以很多人最初觉得李尧配不上她，但李尧还是一直痴心地追求她，给她写诗，为她录自己唱的磁带，用他所能想到的任何方式去表现他的浪漫。

　　终于，她被李尧的痴情和才气所打动，于是这对外人不看好的情侣终于走到了一起。他们不吝于在人前显示他们俩的恩爱，让周围的人们又是不屑、又是忌妒、又是羡慕。

　　婚后第二年她怀孕了，经过若干次产前检查，证明她的腹中孕育着一对双胞胎。李尧和她一起，为新生命的即将诞生而幸福快乐，他们这对准父母，表现得更恩爱了。人们看他们的眼光中也多了更多的宽容、理解和祝福，那时的李尧简直幸福得不知道怎么好了。

　　不料，在她怀孕七个多月的时候，她忽然晕倒在去教室的路边，人们赶紧把她送进医院，经过诊断：急性恶性胰腺炎！大夫说这种病没有预兆，发作了，几乎很难有机会再活下来。

她一直昏迷不醒，李尧急得不知道该干什么，人们也在为他们祈祷。最终，她走了，永远离开了李尧，同时带走了他们的一双儿女，那对已经在母腹中生长了七个多月的小生命！

　　经历这样同时丧妻丧子之痛的李尧，从此后，就成了现在人们看到的样子。每当他发呆地坐着，身边的人们都尽量不去打扰他，大家知道，他又想他的爱人和孩子了。

　　人是感情动物，有思想，有情感，这是人之所以为人的标志。所以，人们也会怀念过往，怀念过去的人和事，过去的情感和悲欢仿佛刻在生命的年轮里。

　　也许，现实中我们总有种种的不如意，总有太多的不满和矛盾，所以人们更容易记住旧日时光的美好，记住昔日的她的那份独特的美。在怀旧的过程里，有甜蜜，有幸福，也有悔恨和辛酸。

　　怀旧的男人可能有很多优点，他们不会锋芒毕露，他们不会苛求，他们不会无病呻吟。他们知情识趣，优雅从容，情感细腻。喜欢怀旧的男人，可能内心更加珍视爱情的美好，如果你是女人，如果你遇到这样一个男人，好好爱他，如果你的爱让他感动，他所有的爱意会全部给你。这样的男人，是可以给女人一份永不背叛的爱和一生的守护的，只是看你有没有福分得到他的真心。试想一下，一个男人，如果对用过的一只杯子都会在意，对一个老朋友都会珍惜，那他又怎么会不珍惜身边陪伴他的你！

　　男人怀旧的时候，也稍微留意一下你身边现在的她，不要因为对旧人的思念，伤害了如今痴爱你的她，不忘过去没有错，但人不能靠回忆过去而活着。

沉静而呆：
——喜欢体验独处乐趣的男人

有一种男人，也喜欢独自一人，但不像喜欢怀旧的人，他们可能未必有那么多刻骨铭心的故事，只是喜欢享受自己一个人独处的乐趣而已。

喜欢独处的男人，喜欢一个人待着，一个人静静地听歌，一个人静静地看书，一个人天马行空地随便遐想，不喜欢有人在身边喧哗、吵闹，甚至多一个人都会觉得打破了自己的这份宁静。

喜欢独处的人的最典型的状态，正如爱因斯坦曾经描述的那样："我有强烈的社会正义感和社会责任感，但我又明显地缺乏与别人和社会直接接触的要求，这两者总是形成古怪的对照。我实在是一个'孤独的旅客'，我未曾全心全意地属于我的国家、我的家庭、我的朋友，甚至我最为接近的亲人；在所有这些关系面前，我总是感觉到一定距离而且需要保持孤独——而这种感受正与年俱增。"

宋婷半年多前认识了她的男朋友莫林。

莫林之前有过一个女朋友，三四年前分手了，直到他遇到宋婷。莫林性格稳重，不怎么喜欢多说话，总是宋婷问他什么话的时候才回答。

　　莫林自己做艺术设计，在家里做自由职业者，经济条件不错，但可能是一个人单独生活习惯了，他不喜欢热闹，有朋友约他出去的时候十次差不多有十次都不去。他也不喜欢宋婷有事没事的时候跟他聊天，当宋婷有时候撒娇让他陪自己出去的时候，也基本上十有八九被他拒绝。尤其当莫林身体不舒服的时候，更喜欢一个人自己待着，不要宋婷照顾，身边一点声音都不希望有。

　　因为莫林的工作，他的作息时间黑白颠倒，当他白天睡觉的时候，也是要一点声音都没有。而宋婷是典型的朝九晚五的白领，很想周末的时候能够两个人在一起共度，而莫林根本没有周末的概念，每当周末宋婷看着别人出双入对，就会觉得很孤独、很伤心。宋婷希望两个人可以常常见面，而莫林觉得一个月见一两次面就足够了。莫林很少主动跟宋婷联系，有时候他的手机调到静音，又不怎么去看来电，所以有时候宋婷根本联系不到莫林。

　　宋婷曾经很为两个人之间的差异感到难过，甚至觉得受不了这样的压力，曾经向莫林提出分手。而莫林很认真地看着她的眼睛，跟她说："我很爱你，找到你是我一生的幸运。在我眼里，你是完美的，你就是我一直在找的那种女孩。"而且，莫林说："不要因为一时冲动去恋爱，也不要因为一时冲动而分手。"

　　宋婷也觉得莫林是爱她的。她也曾经试图按照朋友的建议，自己表现得更主动一些，但莫林似乎也还是挺勉强的，每当宋婷打电话过去，他都是说不了太多话就要挂电话。

　　现在，宋婷感觉很困惑，不知道该怎么办好，是继续在一起，设法改变对方？是让自己尽量适应，还是分开？

　　喜欢独处的人，可能细分一下，有人是阶段性的，有人是个性使然。

　　个性如此的人，可能终其一生都难以改变。他们不是完美的情人，但是如果你能接受他们的沉闷，他们可能也是很不错的丈夫，因为他们只是沉默寡言，但他们可能会忠实于家庭，不会有太大的变数。

　　阶段性地喜欢独处的人，倒是更不是问题。他们的这种习惯，可能是两性处理问题的差异造成的。

　　现代生活的压力，人人都能感受得到，无论是男是女。但女人习惯于跟人交流，把压力释放出去。而很多男人，更习惯找一个隐身的场所，一个秘密的洞穴，让他们可以躲藏起来，独自寻找问题的答案和解决的方式，他们不需要别人的安慰，也不需要向人倾诉，可能最需要的，不是爱人的陪伴，而是香烟、啤酒和音乐。这种时候男人往往容易冷落和忽略了身边的女人。如果不了解男人的这种心理，女人往往会觉得被心爱的人排斥在外，有种咫尺天涯的疏离感。

　　这种情况下的男人，不是不爱女人，而是不想女人为他担忧，更愿意自己去解决问题，自己去承担压力。这种独处是男人摆脱压力，找回力量的一种有效的方式。他们甚至会通过游戏和娱乐来减轻压力。

　　女性总是希望自己爱的人时刻充满激情、爱意绵绵地守在自己身边，不想看到他独处或者沉默，这种想法是不现实的。女人的情感不能做到总是理性的，也不能期望男人总是满足自己的心愿，需要给男人一个私密空间，彼此多一些相互理解和信任。等男人通过独处的方式，找到了问题的根源，可能就会感觉柳暗花明、豁然开朗。那时候，身心都回到女人身边的男人会更体贴、更温柔。

动情而呆：
——因为心有所属，坠入唯美情网

如果一个男人，平时活泼好动的他，忽然在人群中变得沉默，总是一个人独自发呆，但又看不出他不高兴或者生气，相反，在他的眼睛里，有隐隐约约的笑意，那么，他一定是坠入情网，爱上什么人了。

这种情况在年轻活泼的男人里反而更容易看到，平时活泼好动的他们，总是跟伙伴们动手动脚、打打闹闹，或者叽里呱啦说个不停，或者在健身房、篮球场发泄他们过于旺盛的精力。如果某天，他们中的某一个忽然一反常态地不再这样，但脸上没有忧愁，没有悲伤，没有生气的迹象，那么，一定是有什么好事发生了！没错，他恋爱了，他坠入了美丽的情网，内心只有一个倩影不时闪过，再也容不下别的事情。

而且，这种情况，多一半发生在他们单恋某个女孩，或者他们的恋情没有公开的时候。这种时候，多说一个字可能都怕惊扰了自己的梦中情人，所以他们无法跟人分享他们的甜蜜快乐，只能一个人在心里，悄悄想她，想到动情处，嘴角会有微笑暗暗浮起，眼神中透出一丝快乐和甜蜜。

陈新是个二十刚出头的大男孩，典型的90后，率真、感性、活泼，喜欢动漫、喜欢游戏、喜欢足球，平时在人群中总是最活跃的一个。但最近好像有些反常。别人叫他去玩，他好像总是懒懒的，一个人坐在一边发呆。有人问他怎么了，他的回答是："没什么啊！"

有人说："阿新不正常了"，细心的人们留意着他的变化，结果发现，陈新似乎变得有些呆乎乎的，有时候陈新会自己一个人突然一乐，过后又是那种好像变得呆头呆脑的样子。有经验的人问："阿新，你小子是不是谈恋爱了？迷上谁家的靓女了？"他什么都不说，也只是嘿嘿一乐。

过了不久，谜底揭晓了，陈新果然是恋爱了，他爱上了同一栋大厦上班的另一家公司的一个漂亮女孩，天天脸上带着甜蜜快乐的微笑。

有人说："怪不得阿新前一段时间那么一副呆头鹅一样的表情，原来还真是掉进情网了啊！"

坠入情网、陷入甜蜜的爱情中的年轻男女，总有种种跟平时有所不同的表现。有些就是这样变得少言寡语、面无表情，有些却变得像是成了"话唠"，好像恨不得把一堆人的话都让他一个人说完了。

怎么判断你身边的男人，是不是堕入情网、爱上你了呢？如果他有以下表现，恭喜你，他对你情有独钟！

一、盯着你的脸看

根据有关专家的测试，男女在恋爱时的表现有所不同，男人更容易表现出"见色起意"，更容易被美色所动。所以，如果一个男人，喜欢看着你的脸，全神贯注地看着你的眼睛跟你交谈，说明他内心可能对你有意啊。那时候的他，不会留意身边的其他美女。

二、有事没事打电话给你

不论你上班还是在家，他打电话来，似乎也没有什么要紧事，说只是想跟你说话。如果他在单位，你可能会听到他身边其他的电话铃声大作，但他好像闻所未闻，只管跟你说话，不顾其他。

三、把"家底"倾囊而出

恨不能在很短时间内，把有关他自己的一切都告诉你。面对你，他总是好像侃侃而谈。连他家人有什么特点都要说出来，当然，能给他加分的最重要，希望你能对他刮目相看，希望尽快拉近你们的距离。

四、对你身边的人很好

如果可能，尽可能地在你家人朋友面前好好表现。要是你让他为你家人朋友做点什么事，他好像格外卖力。做这一切，为的是让你高兴。

五、很重视跟你的约会

如果你们约定见面，他会细心打理好自己，把自己弄得干净清爽，绝对不会迟到，早到了也会说"我也刚来"，也许还会给你准备一个小礼物来表示对约会的重视，一切都会准备得很充分。

六、无论你做什么他都觉得有趣

只要能够跟你在一起，做什么都有趣，逛街，他也会说没问题。

七、不提以前的恋爱史

如果你知道他有过恋爱史，也轻描淡写地一笔带过，比如说"我跟她没有什么感觉啊"，"她的个性不适合"啊之类的。如果他跟你讲的是一个很忧伤的爱情故事，那说明他的内心还有前女友，你就得小心了。

八、他喜欢带你见他的朋友

男人最喜欢跟朋友夸耀，尤其如果你是个美女，他乐得让他的死党们羡慕忌妒恨呢。

九、急于跟你约定下次见面时间

他会很着急地跟你确定好下一次的见面时间。如果他说"我们回头看看哪天有时间再见正吧"，那说明他是在敷衍你，十有八九最终说"我忙，没有空"。

十、分享做爱的感受

如果你们做爱了，化谈性依旧，急于知道你对他的感觉，就说明他在意你。如果做爱后他急于离开你身边，说明这个男人只要性，没有爱，趁早离开他才好。

十一、向你表白

会认真或半认真地让你做他老婆。如果你们约会十次八次，他没有任何表示，那说明你七可以撤退了。

惊吓而呆：
——男人也会受惊吓，但也要快速调整

现实中什么事都可毫发生，男人也是肉体凡胎，所以也难免会被意外所惊扰。受到惊吓后一时发呆，是很自然的反应，但绝不能被这样的事长期困扰。

男人也不是百毒不侵的金刚之身，当有些时候，某些突如其来的

变故也会让男人内心紧张，一时半会不知道作何反应，于是仿佛被吓呆了也是很自然的反应。但男人，除了应该有强壮的身体和强健的体能，也应该有足够聪明睿智的大脑，在出现意外被惊吓之后，迅速调整自己的思路，让自己迅速从那种呆若木鸡的状态中清醒过来，也是非常必要的。

事后也应该及时调整自己的情绪，以免因为一次问题的发生，导致自己内心产生不良的心理压力。造成长期的不良后果。

杨格是一个平时说话大大咧咧的人，他在一家图书公司做业务。他业务能力不错，就是说话有些太随意，有时候其他同事有点烦他。

公司的魏总和袁副总在大学的时候是一对情侣，但魏总的母亲在老家给他看好一个姑娘，就给魏总定了亲。魏总父亲早亡，是母亲一个人辛辛苦苦把他拉扯大，魏总是个孝子，所以毕业后，他没有跟袁副总结婚，而是娶了母亲给他定亲的那个乡下媳妇。但两个人的文化差异太大了，魏总跟他的农村媳妇没有共同语言。当魏总跟袁副总一起下海经营公司时，魏总跟一直单身的袁副总就成了一对合作伙伴加情人，这个问题在公司几乎是公开的秘密，大家都心知肚明，但谁也不提起。

这天大家午饭后正在闲聊，东拉西扯，也没有什么固定的话题。杨格突然说："你们说，魏总跟袁副总在一起，他们俩谁厉害?"大家都不知道这个话该怎么回答，所以都没有吭声。

杨格看大家都不回答，就笑着说："让我看啊，别看在公司里，魏总是老大，袁总是老二，他们私下里在一起的时候，肯定是魏总怕袁副总。"有人不解地接了一句："为什么啊?"杨格说："你们想啊，魏总平时就好脾气，袁副总虽然看着秀秀气气的那么一个四川妹子样儿，但川妹子辣啊，那都是人精一样的！我上次跟魏总袁副总一起去湖北开图书订货会，我可看见袁副总的另一面了，那叫一个厉害！所以啊，魏总给我们当老大，给袁副总，他只能当老二了！哈哈！"

杨格一边说，一边学着袁副总的表情和体态，妖娆地比画着，一边大笑着，就看大家脸上突然都没有了什么表情，往他身后看着，杨格正觉得奇怪，一转身，竟然发现魏总已经走到了他的身后，想起刚才自己说的话，顿时愣在那儿，不知道该说什么了。其实魏总走进办公室的时候，已经听到杨格在说什么，他用一个简单的手势制止了想跟他打招呼的其他员工，想听听杨格会怎么说。

魏总看大家此刻都有些尴尬，不知道该怎么说话了，就半开玩笑地说了句："够热闹的啊！"杨格好像突然反应过来，心想不知道魏总听到自己说了多少，心里一阵紧张，怕自己对袁副总的议论让魏总对自己心有芥蒂，对自己前途不利。

从那天之后杨格就好像有了心病，变得比较敏感，总是担心自己身后有人，有时候会产生幻觉，注意力也不能集中，警觉性好像异常高。虽然魏总看起来像什么都没有发生过，没有对杨格有过任何不好的举动，但杨格总担心他的工作干不长，担心自己的前途好不了了。

当人在受到惊吓的时候，加上工作的压力，以及担心领导给自己小鞋穿之类的外部环境的刺激，会让人把这些刺激联系在一起，使得本来正常的事情变得异常敏感和警觉，这种内心的长期紧张，会对人造成不良影响，久而久之，会愈来愈加重心理负担，甚至出现病态的状况。当遇到这种情况，就应该去做一些能够放松身心的有氧运动，缓解心理的压力，更重要的，要调整自己的心态，把心事放下来，像上文中的杨格，就有必要私下里找领导谈谈，把事情说开，及时调整自己的情绪，让自己的心理恢复正常。

男人就该拿得起，放得下，出了问题也应该能够扛起来。既不能像鸵鸟一样，遇到问题就把自己的脑袋藏起来，假装没事；也不能由此担惊受怕，弄得自己把自己吓出病来。

一个可以从某种对自己不利的事件中及时调整自己的男人，才是一个敢担当的男人。

无趣而呆：
——没有乐趣的当下，让他深感乏味

有人是因为生性愚钝，对什么都产生不了乐趣，有人是因为受环境影响，觉得没有乐趣，这种两种情况都会令人觉得工作或生活乏味，因此整天闷声不响。

如果是因为生性愚钝，而对什么都没有乐趣，这样的人就只能通过有意识地锻炼，逐步地调整自己的个性，提高生活情趣，才能让人生充满积极的意义和令人开心的乐趣。

如果是遇到某种环境的影响，让人觉得兴趣全消，就应该仔细考虑自己的人生，什么对自己才是更重要的，然后做出自己的选择，是改变环境让自己变得开心，还是离开这种压抑自己的环境，换一种活法？这是每个人都可能面临的问题，也是一个人必要的人生选择。

赵良大学财会系毕业以后，先后做过几份时间都不是很久的工作。他在一家律师事务所做文员，那儿的老律师都挺喜欢这个活泼的小伙子。但因为他不是学法律的，在那儿专业不对口，也不可能有更好的发展，于是只好选择离开。赵良没有找到更合意的工作，正好他姑父开的服装公司缺人手，需要会计，于是赵良就按照姑姑的请求，进了姑父的公司做会计。

姑姑交代赵良说："你姑父年纪大了，以后就要退休，公司就要再交给你表妹了，她一个女孩子，什么都不懂，没有自己人会吃亏的，你去了，就是要去替我和你姑父给你表妹负责的。"

赵良去了公司之后才知道，公司本身并不是没有会计，而且一个规模并不很大的公司，居然有两个会计，都是34岁的女性。没过多久，赵良也就知道了，这两位大姐都跟姑父关系非同一般，但姑父也怕她们管的事太多，以后不利于自己退休后公司交给自己女儿接班后的发展，因此想要从这两个人手里把权力收回，但又不想做得太明。于是就以公司要网上报税等新型办公，以她们学历低，学新东西慢，不容易掌握等理由，安排了赵良在公司工作。

这样的情形下，那两个女人本身钩心斗角，相互倾轧，但看到赵良来，可能影响她们俩的利益，于是她们俩开始联手对付赵良。过了一段时间，发现想挤走赵良不那么容易，于是又分头开始巴结赵良，每个人都显得跟赵良关系密切。比如赵良跟其中一个走在一起，身边这个就会显得跟他很亲密，而另一个又刻意显得似乎是"别看赵良跟

你在一起走，其实我跟他关系更好"。

赵良在姑父的授意下，下班后用姑父给他的另一套钥匙，悄悄打开其中一个女会计的抽屉，细心地一样样取出上边的东西，然后拿出下面的账本，开始悄悄地抄账本，然后再逐样把东西一样样地放回去，好像什么都不曾碰过的样子。为姑父跟两个女会计的"秋后算账"做准备。赵良觉得自己就像什么特务机关的特务一样，偷偷摸摸地在做着。

赵良就这样陷入了他之前很讨厌的办公室政治中，他有心离开，又觉得做会计，没有好关系，很多公司不信任，但在这里，他又显然成了姑父手里的棋子。赵良觉得很无奈，也很无趣。可他想不出更好的选择，只好一日日地这么过下去。

赵良总在想，我的明天什么样？就在这个小公司这么待下去吗？我的人生就这样过下去吗？这里倒是衣食无忧，发展顺利，我这个会计也永远不会下岗。可就是这么一个小公司，这么复杂的人际关系，没有意思透了，我该怎么办呢？

刚进公司里那个活泼的赵良不见了，他整天闷声不响，在办公室苦思着。

这个世界上没有什么比找到自己的兴趣点更重要的事情了，假如一个人对身边所有的事情都不感兴趣，那么他的生活也会因此而变得单调乏味起来。对于一个女人来说，不管你这个男人是乐观还是腼腆，至少你一定要有自己感兴趣的东西，否则两个人在一块儿，大眼瞪小眼，不知道应该说什么，岂不是很无趣。人们常说跟一个无趣的人在一起，即便你的人生很有趣也会从此跟着他一起黯淡。假如这个男人总是对什么事情都没有兴趣，那么很可能他对身边所有的一切都没有什么计划，也没有什么追求，说到今后的希望，恐怕所有人都会因为他现在的行为而大皱眉头。

对于一个男人而言，说得再善意点，假如你有能力你可以给身边的每一个人带来希望，假如你能力中上，你可以让你的全家感觉到安全，假如你的能力真的一般，至少你可能给身边的女人一份快乐。因此在这个时候，我们绝对不能总是在那里无趣地发呆，即便是努力地去尝试，也要不断地培养一下自己的兴趣点。那么，怎么才能改变自己觉得无趣的状况呢？

一、想清楚自己为什么工作

很多人会回答，工作当然是为了赚钱！既然我们不能不工作，只能选择工作来满足生活，养家糊口，那么选择一份自己喜欢的好工作就比较重要，如果我们能够选择自己感兴趣的工作，用兴趣成为自己谋生的方法，就不会让自己对工作产生厌倦。

二、调整自己的态度

很多人可能因为现实状况，无法按照自己的兴趣去选择工作，或者自己感兴趣的工作赚钱太少，不足以应付生活巨大的经济压力，只能去找一份可以维持生计但自己又不喜欢的工作，那么，抱怨工作无聊和压力太大，并不能解决工作无趣、令人厌倦的问题。我们只能调整自己的态度来面对工作，尊重你的工作，带着感恩的心去对待它，也许就会感觉这工作没有那么令人厌烦。

三、热爱你的工作

如果没有对工作的热忱，无论多么有趣而具有挑战性的工作，都会变得无趣。如果我们能够对自己的工作充满严谨专注，就不会有无聊的工作。当你热爱你的工作，就能够找到有效的工作方法，让工作流程变得简单有效而生动，而不会觉得工作无聊。

无论我们为了赚钱工作，还是为了我们的兴趣和热情，我们都能够从工作本身找到乐趣。

我们可能很难选择自己的工作，但我们可以选择工作的态度和方式。一个对生活充满积极热情的男人，自然会从工作中找到自己的乐趣。同时，你就会让你的同事和家人，都能感觉到你的热情和活力，都跟你一样感到开心。

伤感而呆：
——已经陷入了心痛的空洞

有些人看起来似乎没有任何的表现，只是一语不发，其实内心可能已经波涛汹涌，因为陷入情感的空洞，内心一片痛楚，因为失去了最爱的人。

失恋会让人们感觉伤感和痛楚，这是因为人们会沉溺于甜蜜的往事，同时精神上会觉得无所适从。

你付出情感，并不一定会收获情感，每个人都应该做好精神准备，任何事情都没有绝对。即使得到过，也可能会失去，得到，是一种收获，失去，也未必一定是损失。经历过失恋的人们，往往会更加珍惜感情。

有人说解除痛苦的最佳方式是再谈一场恋爱,但事实上,刚刚经历失恋的人们,并不适合马上开始下一场恋情,因为当时不冷静的情绪,可能会接受某种平时冷静时自己并不会接受的东西。

失恋并不完全是一件坏事。如果你失恋了,说明你真的爱过。这其实是人生的一种收获,你的感情会因此变得深沉,气质会因此变得成熟。

甄鸥大学毕业以后,因为所学专业是外语,所以去了一家翻译公司,做正式的翻译工作。偶尔会被请去其他公司,参与对方公司的商务谈判工作。大多数时候,甄鸥都在自己公司里翻译一本本的外语资料或者外国文学。他喜欢外语,所以喜欢这份工作,最初的工作很轻松愉快,再加上甄鸥有个感情很好的女朋友薛燕,两个人是大学同学,大三开始确定恋爱关系,都准备再工作两年,就结婚。所以工作顺利,爱情甜蜜的甄鸥似乎没有什么不如意的。

尤其是一次外出旅行,同行的甄鸥和薛燕一起经历了一次山洪,被洪水围困的他们发誓同生共死,所幸后来被救援人员救出,算是一次事后看有惊无险但当时惊心动魄的经历。而且他们的感情更好了。

薛燕毕业后进了一家大报社做英文版的记者,工作不久后,薛燕被报社派往位于夏威夷的一个新闻中心去学习半年。两个整天沉溺在甜蜜爱情里的年轻人只好暂时分开,只能靠 MSN、在线电话等现代通信工具来交流。

从夏威夷回来的薛燕带回来一个对甄鸥可能完全不同意的好消息,她的教授答应给她助教职位,愿意帮助她去美国学习,她回来找好名义上的赞助人就打算出国。而甄鸥的父母都是年近四十的时候才有的他，现在父母已经退休，甄鸥知道，他们舍不得他，以后更离不开他。如果薛燕走了，长期分开的生活对他们俩意味着什么，他们俩的感情怎么办？薛燕安慰甄鸥，说无论到哪儿，她都会一直爱甄鸥，不会变心的。

薛燕终于走了。开始的日子还像薛燕第一次出国那样，频繁联系，但逐渐地，薛燕主动联系甄鸥的时候越来越少了。再后来，甄鸥听其他在国外的同学说，好像薛燕跟一个台湾留学生同居了。

甄鸥想向薛燕证实，但又怕事实的真相是自己不想接受的。他们的联系越来越少。薛燕终于给甄鸥发来一封分手信，只是说她可能毕业后会留在美国，既然甄鸥无法在国外生活，她又不能回来，所以只好选择放弃。

之后的甄鸥整天陷入了痛苦的煎熬中，什么话也不说，除了翻译资料之外，就整天一个人沉浸在曾经甜蜜而今痛苦的回忆里。曾经相约生死的他们，虽然活在这个地球上，却永远失去彼此了，甄鸥只感觉心痛到无力抗拒，他不知道自己以后还会有幸福吗，还能再爱什么人吗？他感觉自己心里的某一个地方被掏空了一样，不知道用什么可以填补起来。

越是甜蜜的恋爱，失去后就会越发让人痛苦。有人因此感到愤怒，有人感到挫败，有人感到悲伤。学会释放痛苦是人必须学会的一件事。

一、发泄自己的情绪

找一个无人的地方，大哭一场，大声嘶喊，或者撕碎一沓废纸，可以帮自己把第一阶段的愤怒发泄出去。

二、安抚自己的悲伤和挫败感

找以前的老朋友去聊天，联络一下恋爱期间重色轻友被你轻视了的朋友，也让他们的安慰来安抚一下你的悲伤的情绪和挫败感，他们会包容你，疼惜你，可以帮助你恢复正常。

三、看一些安抚情绪、令人思考的电影和书籍

这样的电影和书籍可以帮你理清自己的思绪，甚至更深地了解人性和人的心理。

四、更多地疼爱自己

平时把爱放在女朋友身上的你，此时可以多疼爱自己一些，给自己买一些平时舍不得买的东西，多吃草莓、香蕉、巧克力之类的食物，对情绪有安抚作用。也可以喝瓶啤酒放松一下自己。

五、丰富你的生活

可以借助旅行、聚会、打球、登山、派对等方式，积极参与多人参加的活动，用更多的新事物来丰富你的生活，开拓你的视野，异地的风土人情或者异国情调会让你耳目一新。

六、理性地反思自己过去的感情

她是完美的，你是盲目的，还是她是不真实的、伪装的，还是你假想出来的，你爱的是一个虚幻的理想形象？列出对方的优点缺点，想清楚自己为什么会失败，会帮你在下一次取得成功。

绝望而呆：
——自己不会排解，永远都说自己是死局

有人觉得自己一无所成、一无是处，因此对自己感觉失望甚至绝望。如果无法找到合适的方式开解自己，让这种负面的情绪和思想控制了自己，就会陷入更大的绝望之中。

有些人对现实生活和自己都感到非常地不满甚至绝望。他们觉得社会是黑暗、肮脏的，自己是愚蠢的、无能的，觉得自己活得比别人都艰难。他们对社会不抱希望，对自己的人生也感到无力和绝望。觉得自己的未来一片空白。他们痛恨自己的无能，痛恨社会的不公，却又对现状无能为力、无法改变。他们不知道怎么接受自己，也不知道怎么去改变周围的环境，或者改变自己去适应环境，甚至会希望世界末日的到来，能够帮助自己重建自己的人生。

每个人的人生都很难一帆风顺，但如果一个人缺乏斗志，迷失自我，就会无法面对社会、面对自己，就会深陷在绝望的泥潭里无法自拔。这样的人生是可悲的！

孙林是某大型国企的中层管理人员，由于他的一次工作疏忽，导致公司一份合同出现重大失误，致使公司被对方公司业务员骗走一大

笔钱,公司损失数十万。公司给予孙林停职检查,个人承担10%的损失（按一定比例逐月从孙林工资里扣除）的处罚,孙林觉得很冤枉,也很沮丧,自此一蹶不振。

他什么事都不想做,工作也做得有一搭无一搭的,然后又会由于自己没有做好工作所带来的愧疚感,越发地担惊受怕,怕自己做不好工作,下一个工作就更加难以开展下去,拖延的结果使得他的工作积压更多,然后就越发地不想做事,工作就越加完成不了,情形变得越来越糟糕,形成了某种恶性循环。公司领导担心他出什么问题,只好让他病休,暂时回家。

孙林在家里情况也表现得很糟糕,他早上不起床,母亲说他几句,他跟母亲大吵一架,然后午饭也没有吃,下午又昏昏沉沉地睡到快傍晚才起来,真希望自己下一秒钟就遭遇地震什么的死了算了。

他觉得自己没有人际交往,工作压力大得让他无法承受,家里父母又不理解他,他觉得自己无路可逃,哪怕母亲随便说句什么对他不满的话,他就会觉得自己就要崩溃了。他一会儿觉得父母应该支持他,但他们却不理解他,甚至根本不爱他;一会儿又觉得父母也挺关心自己的,觉得自己工作失误造成的经济压力家人也得帮自己承担,对不起他们。可过不了几分钟又为一句什么让他自己生气的话开始怀疑父母,甚至情感上觉得他自己恨父母。

他每天除了上网发帖,看无聊的回复,似乎对什么都没有兴致,连他自己以前喜欢下棋也都没有兴趣了。他有时候甚至觉得还不如死了,但想想又不能自杀,好歹父母把自己养活这么大不容易,他自己也没有那么恨父母,否则自己的父母该被人笑话。

他总想,得有一个美好的开始,完美的过程,才能有最好的结局。

自己现在这样，什么都没有啊！有时候他又想，世界末日怎么不来呢，来了我不就解脱了吗，不就不用为活着而感觉痛苦了吗？不就有一个光明正大的解脱和结局了吗？于是他自己在心里常常说自己："我连想死的决断力和执行力都没有了，我就是救不活的死局啊，有什么办法呢？"

人生不如意之事十有八九，作为一个男人也难免会深陷在绝望的边境，每每到了这个时候，内心就会感到非常地痛苦。曾经有一个女人说，当一个一直以来都非常自信的男人出现了绝望的迹象，他首先会做的几件事的次序是，第一发呆，第二跟身边所有的亲人折腾，第三开始有了想离开的念头，动不动就想要离开所有人，想一个人跑到一个地方待着，最好谁也不认识，就一个屋子，自己一个人，然后坐在那里哭泣发呆，之后很可能会酗酒，抽烟，总而言之，要去做一些作践自己的事情才舒服。

其实相比于女人来说，男人遇到解不开的结的时候是很可怕的，因为他们根本不知道怎么排解，所以往往会采取一种比较极端的方式。那就是两个字"折腾"。但在折腾之前，伴随着他的就是发呆。假如遇到这种迹象，最好的办法就是先让他自己待一会儿，但是陪着他就好了，等他折腾的时候，尽可能也别跟他发脾气，多给他带来点希望，即便是这件事情真的帮不上忙，尽可能引导他往好的地方想，这种好的方向，不一定仅仅局限于当下这件事，适当转移一下注意力，说说别的事情也是不错的选择。总而言之，越是这个时候，越是需要耐心，让他自己安静下来，自己意识到即便是这件事情真的挽回不了，也不一定就从此失去了一切。

其实，人难免会在生活或工作中遇到问题和挫折，对现实感到绝望，这种情况下，怎么样调整自己绝望的情绪呢？下面就让我们一起来学习一下吧。

一、找朋友倾诉

当你感到遇到问题无法解决，甚至觉得绝望时，找亲近的朋友倾诉，诉说自己的烦恼、苦闷和绝望，朋友的安慰和劝解可以帮助你放松心情，看透事实，然后解开绝望的心结。

二、合理利用网络

没有合适的朋友可以倾诉时，在网上发博客、微博，把自己内心感到绝望的东西写出来，会让自己感觉心情舒畅许多，还可能遇到有心人帮你排忧解难，帮你走出绝望。

三、到大自然中去走走

一个人闷在家里会让自己的心情变得更糟。不妨在晴朗的日子里去外面呼吸新鲜空气，感受大自然的美好气息，可以帮自己放松心情，缓解绝望的情绪。

四、参加公益活动

在感到绝望的时候，参加一些公益活动，去帮助需要帮助的人群，从中可以体会到自己的价值，知道自己是对他人有用的人，感受帮助别人的快乐。

五、去 K 歌

到 KTV 肆无忌惮地大吼一阵，也能帮助自己把绝望的感觉痛痛快快地宣泄出去，让自己轻松许多，心情就会好起来。

人生遇到各种各样的问题在所难免，对人生感到绝望也不少见，关键是怎样让自己不要陷入绝望的状态中一蹶不振，才是一个男人理应做到的事，才不会让自己陷入死局。

幻想而呆：

——天天诸多幻想，哪个也不是现实

人不应该没有理想，但理想应该建立在脚踏实地的基础之上。如果一个人有诸多幻想，却根本无法实现，这样的空想一点也没有意义。

积极的理想可以帮助我们激励斗志、鼓舞信心，帮助我们为了更美好的未来而努力。但如果一个人，只会不切实际地幻想种种跟现实脱节的东西，就会陷入想入非非的状态，白白浪费自己的青春和生命。

有人幻想自己一夜暴富，有人幻想自己能够成名成家，有人幻想自己扬名立万，有人幻想自己可以平步青云……幻想是一种永远无法满足的欲望。

陷入病态的幻想状态，往往有两种主要的原因，一种是心智不成熟，有自我意识成熟障碍，心理水平跟实际年龄不相符；另一种是觉得现实不能满足自己的需要，或者经受过挫折，就在想入非非中求得精神满足，以此逃避对现实的不满。

这种不健全的心理如果不能及时矫正，情况持续发展下去，就有可能导致病态的心因性疾病。

郑泽是个没有什么能耐也没多少本事的人，因为他爷爷曾经是某省交通厅的厅长，所以俺被安排在某个高速收费站工作，那儿的条件很好，工资待遇很高。福利也很不错，很多人羡慕他有个好爷爷。

别看郑泽工作条件不错，但他觉得不满，因为工作太单调，就是收钱，开升降杆，过车，放升降杆。周而复始，他觉得这样的工作一点技术含量都没有，他觉得自己是个有理想的人。

一度，郑泽迷上了发明创造。他想别人能搞那么多发明创造，我怎么就不能呢？于是他看了很多这方面的书，买来各种各样的材料，想要搞一个什么自制啤酒的杯子啊、什么用普通电池给手机充电啊，什么自动收款的机器人啊……想法不能算没有道理，但由于他缺乏相关的技术和动手能力，最终所有的材料都成了一堆废品。

过了一段时间，郑泽听人说现在写剧本挣钱，万一你的书成了某个影视作品的剧本，你也可以跟着大红大紫。于是郑泽开始写小说，可他没有生活积累，也没有文学功底，吭哧了半天，也还是没有写出一部作品来。

算了！郑泽不写小说了，他看到不断有人买彩票中奖，他觉得这个挺好，也不算赌博，买点彩票也花不了太多钱，万一中了五百万，一千万，五千万……那是什么生活！于是郑泽开始"研究"彩票，什么双色球的哪个号中奖的概率有多大，大乐透买什么号……他整天做发财梦，发工资就先去买彩票。

到后来，郑泽想发财都想疯了，他偷偷买了些假钞票，偷偷加在他收的过路费里，企图蒙混过关，妄想把收来的真钱拿去买彩票，等中奖了，再换回来。结果，东窗事发，他差点进了监狱，多亏他家里帮他还了他挪用的公款，加上他爷爷的老面子，才避免了锒铛入狱。但好工作是彻底就此丢了！

因为幻想可以让一些人逃避对现实中的自己的不满，幻想自己成为主宰，可以随心所欲，颠倒是非，为所欲为，建立一个跟现实完全不同的理想世界，所以有些人喜欢沉湎在不着边际的幻想里。但谁都知道，幻想是不可能变为现实的，你还是最终会回到现实中。怎样摆脱不切实际的幻想带给我们的困扰呢？

一、树立正确的人生观

认真思考，找到人生的价值和意义。只要你付出了努力，即使最卑微的工作，也是有意义的。

二、转移注意力

选择自己比较感兴趣的工作，努力去做好自己分内的事，争取做到自己最好的状态，自信心就会逐步增强，就会渐渐远离空想。

三、加强人际交往

多与别人交往，参加各种活动，培养自己多方面的兴趣和乐观的心态。

四、增强意志力

当出现各种不切实际的幻想时，要加强自我控制，学会自我暗示、自我命令，用坚强的意志自我克制，让自己把精力用到有意义的工作上。

幻想也有积极的一面，我们可以把幻想当作是调和在现实世界所受挫折的工具，但绝不能沉浸在虚构的世界里无法自拔，混淆了现实世界和幻想的差距。尤其是男人，一家老小都需要你的照料，如果让自己整天活在幻想里，他们又怎么办呢？

不思而呆:

——什么都不想，觉得想了也没用

有些人倒是不空想，他们的问题是太实际，觉得想什么都没有用，索性什么事情都不想，不用脑子思考问题。

爱因斯坦说："学会独立思考和独立判断比获得知识更重要。不能下决心养成思考习惯的人，便失去了生活的最大乐趣。"

思考是创造力的源泉。凡是善于思考的人，才能有旺盛的求知欲和创造力，终身学习的能力也才能够更强。一个提不出问题的人，就不可能进步。养成爱动脑筋、勤于思考的习惯，不断提高自己思考问题的能力和水平，是可以令人一生受用的。

毛小军跟前面故事里的郑泽正好相反，他什么想法都没有，因为他觉得想什么都没有用，所以干脆不想。

公司最初考虑毛小军是学美术的，所以安排他负责公司网站的美工，但过了不太久，就发现毛小军根本不去想有关公司网站构图是否合理、色调是否让人赏心悦目等相关问题，根本不能胜任这份工作，于是只好撤换了毛小军。

公司安排毛小军去做电话招生业务。他也从不想其他同事怎么开展业务的，觉得"不就是拿起电话就说就是了"。有一天，一个其他同事手里的客户觉得他们培训发证的费用高了，所以请求退款，那个同事是新来的，遇到这样的问题觉得很棘手，就向周围的其他同事求援。正好其他人都有事在忙，毛小军就主动去帮那个同事处理这个问题。毛小军想都没有想，接过电话就说："我们这个培训，是国家部委办的，是最有权威的，所以证书是最有效力的。你要退钱，不可能，我们从不退款！你要是不服气，想告我们，你想去哪儿告就去哪儿告吧！"

没想到这个客户也是个硬骨头，他直接写了一封投诉信，给国家某部委的四个相关部门分别寄去。因为公司组织的培训的确是给某部委招生的，这样一来给某部委带来很大动静，给公司造成很坏影响。公司除名了几个同事，毛小军倒幸免于难地留在了公司。因为他有驾照，被安排去开车，负责给有关单位邮寄资料和教材。

开车的毛小军还是老样子，一点都不用脑子。结果有一天他走神，过红绿灯的时候闯红灯，跟侧面开过来的车发生碰撞，所幸人没大事，只受了点轻伤，但车损坏情况挺重，这下不用脑子的毛小军彻底"废了"，被公司除名，下一份工作，他还能不用脑子吗？

我们可以留意到，任何取得大成功的人，都不会对自己的人生没有思考，他们会给自己设定目标，然后把自己的行为指向自己设定的目标，努力实现自己的目标。只有具有明确的目标，才能聚集自己内心的力量，让力量有了明确的方向，而不至于迷失自己。漫无目的地幻想对人生毫无助益，但饱食终日无所思虑的态度，也丝毫对自己没有任何的意义和帮助，是不可取的。

有研究机构针对一群智力、学历、环境条件都差不多的年轻人，做过一个有关人生目标和成功的长期调查，结果发现，25 年后，最初有长期目标的 4% 的人，一直朝着自己的长期目标努力，几乎都成为各行各业顶尖的成功人士，如政治家、行业领袖、社会精英分子等；9% 拥有短期目标的人，不断地完成自己一个个阶段的短期目标，成为各行各业中的专业人士，如律师、医生、工程师等；61% 目标模糊的人安稳地生活在社会的中下阶层，但没有什么明显成就；26% 没有生活目标的人几乎都生活在最底层，常被失业困扰，需要救济，对环境和自己都很不满，常常抱怨。可见有没有思考的人生，差距会是多么大！

怎样让自己的人生能够最终获得成功？人人都需要制定一个人生目标，让自己有一个明确的前进方向。

一、分析你的现状

充分了解自己的特长和能力，根据自身现状，分析自己的优势和不足，怎样的目标才适合自己的发展，需要自己做出怎样的努力。

二、确定长期目标

为自己的未来勾画蓝图。长期目标可以不是很具体，但要目标明确，就是自己十年、二十年甚至一生为之奋斗的一个目标和方向。

三、制定中期目标

中期目标是长期目标分解而成，比如三年你的工作做到什么程度，五年完成什么，十年内达到什么样的水准，等等。

四、制定短期目标

把你每个中期目标再细分，每年、每个月甚至每天需要完成的具体指标就是你的短期目标。短期目标应该非常具体和细致，具有可操

作性。

五、确定行动计划

根据自己各方面的情况，制订自己的行动计划，明确自己应该采取的步骤和措施，从短期目标的完成开始，逐步向自己的长期目标迈进。

只有有明确人生目标的男人，才可能成就自己的一番大事业。而如果你连自己的人生都懒得思考，这样的人生不可能取得成功。

第九张 默，

沉默是金，言多必失无太多答案

——不轻易承诺，不轻易辩解，不轻易告诉你真实的自己

今天看到男人沉默了，很多女人不会大惊小怪，男人本身就喜欢装深沉，沉默就让他们一边待着去吧。但聪明的人往往能够洞察到男人沉默背后的威慑力，男人的沉默有很多没有语言的力量。让人好似看明白了，又好像没看明白。这种让人左猜右猜的沉默，往往可以给别人一种非常强大的震慑力，因为摸不清所以更显其分量。这个世界上，没有语言的路途是让人委屈而迷茫的，而其中男人的沉默，占据的分量最大，内涵最深远。

静虑而默：
——不着急说话的人，不见得没有思考

不是人人都习惯在出现问题的时候急于表达意见，善于解决问题的人，不是最急于表达意见的人，而是能够提出最佳答案的人。

有人习惯遇事着急发表看法，有人习惯沉默寡言。但不说话的人，未必是没有开动脑筋思考的人。心思缜密的人，往往想得多，说得少。他们可能不急于表达意见，往往经过深思熟虑之后，才会提出自己的看法。

项明在一个科研所担任研究工作，他的个性就是习惯于遇事先思考很多，不了解他的人，最初看到他，总觉得他好像特别不容易打交道，对什么事有什么看法，他都很少发表出来，常常默默不语，让人总觉得琢磨不透，觉得他好像事不关己，很冷漠的样子。接触时间长了就知道，项明是典型的暖水瓶型的人，外冷内热，只是不喜欢很快发表看法就是了。

有一次，他们科研所的一项实验出了问题，很多人都很着急，忙着跑前跑后地出主意、想办法，唯有该项目的实验员之一的项明只是在一边看着，好像跟他没有什么关系一样。有人就问项明的意见如何，项明说他还没有想清楚，不好说。另一个新来的同事觉得项明的态度似乎一点都不在意，觉得他这个人怎么可以这么麻木不仁，一点没有团队精神，就气呼呼地扔下一句话："冷血！"项明脸上似乎也没有什么表情，好像别人说的不是他，而是不相干的什么人一样。

过了有半个多小时，其他人想出的办法似乎都没有奏效。这时候项明说："我觉得，应该不是实验本身有问题，是实验用的设备出了问题。"然后他上前动手去调试设备的某一处控制开关，果然很快问题就得到了解决，实验室里响起了一片掌声和欢呼声。

那个之前骂项明"冷血"的年轻同事，此时有些不好意思，他走过来跟项明说："不好意思，项老师，我刚才着急，口不择言了，请你不要见怪啊！"项明微笑了一下，说："没什么，我没想好的事一般不说。你不知道我的个性，所以也不怪你。"

能够解决问题的人，总是善于思考的人。他们往往不是第一个提出答案的人，却常常是提出最佳答案的人。如果我们想成为一个善于思考的人，可以留意以下几方面。

一、找到合适的问题

很多时候，很多人在出现问题的时候，急于找到问题的答案。但其实如果你足够用心，就会发现一个有趣的现象，如果你找对了问题，可能就能找到正确的答案。而如果一味地纠结于问题的答案，反而可能事倍功半。

就像那个有趣的问题，两个人怎么分一个蛋糕的问题。如果你的问题只是怎么把蛋糕切成很平均的两部分，考虑到蛋糕上装饰的巧克力、草莓、奶油，似乎均分蛋糕成了一个很复杂的问题。

而如果你的问题从开始就是"怎么分蛋糕才能让两个人都满意"，答案就容易找到了，就是甲执行分蛋糕的工作，乙先挑选。因为是甲分的，所以他自己选哪一部分应该都能接受，而乙先选择，他可以挑选自己满意的那一部分，自然没有意见。所以，分蛋糕怎么分合理，不是怎么分得均等，而是两个人都满意。

就像社会学家彼得·杜拉克在他的著作《Men, Ideas and Politics》《人，思想与社会》一书中所提出的"最危险的事情，并不是提出错误的答案，而是提出错误的问题"。日本早稻田大学商学院的内田合成教授也在《论点思考》一书中写道"只要找对问题，设定正确论点，解决问题就等于成功一半"。

有对的问题，自然就有对的答案。善于思考的人，也许不急于表示意见，他们也许在寻找正确的问题，以及正确的解决问题的答案。

二、善于运用逻辑思考

我们也许可以从其他人的意见中找寻对自己有帮助的答案，但如果我们能够充分运用自己的逻辑思维能力，找到最佳的解决问题的方法和对策，培养自己解决问题的能力，就能更有效地在出现问题时，自己去寻找最佳答案。

三、培养自己的洞察力

细致的洞察力来自于平时的细心观察和思考。如果我们对自己勤加锻炼，时时处处留心观察我们能看到的一切，就能让自己的洞察力得到较大的提高。

比如我们看综艺节目，评委的点评可能会细致到"声音的表现力不在于一定要能唱得多高，情绪的感染力可能更重要，比如你刚才那一句，如果是这样唱（示范），可能效果会更好。"留心这些细节，我们就能从中加强自我锻炼。

留心观察世界的每一个方方面面，从中找到正确的问题，并运用自己的逻辑思维去思考最佳答案，如果我们能做到这一点，就能建立自己良好的思考能力。

一个善于思考的男人，也才会是一个让女人内心赞叹不已的男人。

坚定而默：
——走自己的路，面对非议不想浪费口水

人生在世，难免会遇到各种问题，也难免会被人误解，遭人非议。一个坚定的人，不会在意别人的看法，只默默地做自己认为正确的事。

人的一生，很难会一马平川，处处坦途的。每当人们遇到某些问题，被他人误解、非议甚至因此遭受侮辱，是不是能够坦然面对，坚持自己，是一个人是否成熟、是否忠实于自己的内心的重要标志。

就像常言所说，真理不一定掌握在多数人手里。如果遇到被人误解、非议的时候，不理会那些对自己不公的一切，才是最好的回答。因为只有你自己才最了解自己的内心，如果认为自己做得没错，就做下去好了。

周伟通过面试，进了一家新公司工作。虽然公司从事的业务跟他之前所做的差不多，但毕竟初来乍到，需要重新学习。可是大多数人都在忙着做自己的事，可以找谁了解一下有关情况呢？这时，有一个比他年长一些的女同事梁溪，主动向他伸出援手，帮助他了解公司有

关工作的流程和要点，对周伟帮助很大，周伟很感激她。

不久后，公司成立五周年庆典，采购了一些优质大米作为福利之一。有天周伟下班走到办公楼下，正看到梁溪费力地一个人一步一挪地搬着一袋大米。周伟连忙上前帮着梁溪打了车，想要帮梁溪送回家去。梁溪客气地谢绝，周伟坚持说："这种力气活原本就该男人做的，你原来不也帮助过我嘛，这算礼尚往来吧！"梁溪拗不过周伟，只好跟他一起打车回到家中。周伟帮梁溪把大米扛到楼上，梁溪让他洗手，给他拿饮料喝。周伟看着梁溪的家，干净整洁，但好像只有一个人。周伟好奇地问："梁姐，怎么家里好像只有你一个人？"，梁溪眼圈有些泛红，淡淡地说："我离婚了，孩子小，自己也不方便带，交给我父母帮忙带了，所以平时就我自己。"后来周伟了解到梁溪原本非常爱自己的丈夫，为了他，舍弃了自己的专业，不顾父母反对，跟他来到这个地方。但梁溪的丈夫也是有钱就变坏的那种人，为了小三，不惜舍弃妻子，跟梁溪离婚娶了小三。梁溪也很要强，不愿意回家依靠父母，只把孩子送回娘家交给已经退休的父母帮忙带，自己一个人在这个城市打拼着。周伟对梁溪了解越多，就越同情这个女人。所以，力所能及的情况下，周伟总是帮助梁溪。天长日久，周伟发现他爱上了文静温柔稳重的梁溪，觉得她比现在很多功利心很重、就知道穿衣打扮的女孩子好很多。于是开始大胆地追求梁溪。很快就有很多风言风语传出来，说周伟追梁溪，是看上梁溪离婚的时候她前夫给留下的财产了，话说得越来越不入耳，有人甚至当众七嘴八舌地问周伟："你说你一大小伙子，找什么样的大姑娘你找不到啊，干吗去找一个二婚的，还有个拖油瓶的儿子？""是不是你身体有问题啊，怕自己生不出孩子来，捡一个现成的？""你是不是想傍富婆啊周伟？"……然后一阵哄堂大笑。第一次有人这么说，周伟气得脸通红，说："你们嘴巴放干净点，不要侮辱人！"再后来，周伟觉得这些人实在无聊，绝不能让他们的议论影响自己的内心，不管他们说三道四也不能阻挠我爱梁溪，我自己问心无愧，怕他们说什么呢！于是干脆就不理会他们。时间久了，大家也都看周伟行得正走得直，觉得他是个男子汉，言论声逐渐地消失不见了。

无论你做什么，怎么做，即使你已经尽全力去争取别人的支持，也不可能让所有人都感觉满意和赞同，因为每个人看问题的标准和角度各自不同，得到的结论也各自不同。你可以适当地迁就别人，但如果事关原则，就应该坚持自己认为正确的。

俗话说，身正不怕影子斜。如果你认为自己做得正确，就应该坚持做自己认为对的事。走自己的路，让别人去说吧！事实终将证明，你无愧于天地，无愧于自己的内心。

一个意志坚定的男人，才是一个大写的人，才能经受风雨而绝不动摇，也才能让女人觉得值得依靠和信赖。

谦和而默：
——尊重别人，不过多表现自己

有些人从不多言多语，他们用自己谦和而安静的态度，默默地工作着，这种态度是对周围其他人的尊重，他们甘于沉默，不想过多地表现自己，只想做好自己分内的工作。

俗话说，红花还得绿叶配。每个工作单位，总有一些岗位，需要一些默默工作的人，他们安静而谦和，不想出人头地过多表现自己，从不多说跟自己工作无关的话，从不议论他人是非。他们谦和安静的态度，也许让人无法特别留意他们，但他们默默工作的身影，最终总会被周围的人们注意到，他们谦和的态度，更是让人觉得如沐春风。

某个大公司招聘新员工，向社会公告了他们的招聘计划。一时间公司门庭若市，前来应聘的人趋之若鹜，络绎不绝。经过严格的笔试，一部分人员成为初试合格的人员，即将进入下一阶段的面试过程。

一天，招聘文员的日子，一大群年轻人来到公司。公司前台负责接待的人员把他们带进一间大会议室，请他们稍坐片刻，等待负责招聘的人员来面试。

但他们等了挺长时间，都没有看到面试官前来，就都露出了不耐烦的神色，有人开始站起来走动，有人翻看旁边报刊架上的书刊，有人在会议室四处打量，有人在小声议论着什么……又过了好一会儿，一个中年人走进会议室，他说道："我是公司行政部的主任，现在面试结束。其他人都可以离开了，那一位，你叫什么？程焱！对吧？好，你留下，你被录用了。"一群年轻人七嘴八舌地问："怎么什么都没有问就结束了？""为什么录取他？""我们怎么都不行啊？"……

行政主任回答说："今天的考试题目就是注意力和处世态度，考试方式是你们的行为本身，就好比行为艺术一样，用行为来作为一种思想的表达。你们刚才大多数人都表现得很烦躁，只有程焱和其他个别人表现得很安静，而且，只有他一个人，发现书架旁边地上掉着的一本书而把书捡起来放到书架上，其他人统统视而不见。程焱的行为证明他完全符合我们公司的要求，我们需要的就是这样的文员，不一定需要能说会道，只需要做事用心，行为专注，善待自己的工作和周围的一切。而你们大家其他人的行为证明，你们不符合本公司的要求，所以只能遗憾地请大家离开了。"程焱进公司以后，依然是一副沉静的样子。大家发现他有一个特点，他总是话不多，每天总是第一个来到公司办公室，悄悄做好上班前的准备，然后开始按部就班地工作，但任何人交给他的事，他都有条不紊地认真做好，复印文件、打印文件、领取资料、发送通知、粘贴报销单……

一天，一个要出差的同事因为下午就要走，他自己需要的文件没有通知行政部给提前准备，就跟程焱大声嚷嚷起来。程焱只是微笑着说了句："您先别急，稍等片刻，我马上帮您准备齐文件"，就开始默默地做事，不到二十分钟，把一大摞打印、装订好的文件交给了那位同事。那个同事也知道这件事是自己错了，反而责怪程焱是不对的，所以很不好意思地跟程焱说："对不起啊，我着急走，所以刚才说话说得急了，不是你的错，我不该跟你发火。"程焱还是微微一笑说："没事，谁都有着急的时候，没关系的。"时间稍长，大家都知道行政部新来的程焱做事特别用心，态度谦和而安静，也都喜欢上这个文静懂事的大男孩。

谦和是一种素质，一种心态，也是一种智慧。

想要做到为人谦和，就需要克服"以自我为中心"的思想。如果你比别人能力强，有见识，人缘好，别人会尊重你；如果你什么都不如别人，还要以自我为中心，斤斤计较自己的地位、名利，不仅得不到别人的尊重，满足你自己的欲望，还会毁掉你自己。而谦和的人，即使能力不如别人，也能得到大家的尊重。

谦和的人不是没有原则的人，真正谦和的人宽宏大量，谦虚谨慎，思想睿智。

　　怎样才能成为一个谦和的人？

　　一、良好的修养和态度

　　谦和需要良好的修养，能够跟各种人沟通，即使意见不同，也能理解别人，对人真诚，懂得换位思考，真心赞美别人，不吝于自己的微笑。

　　二、淡泊名利的心境

　　谦和需要宠辱不惊的人生态度，不为物喜，不以己悲，不为一时一事的得失而在意。

　　三、与人为善的品质

　　不以善小而不为，是谦和的准则。一个与人为善的人，能够在他人需要帮助的时候伸出援手；对他人的过错也能够善意地谅解，善待他人就会内心坦然而愉悦，最终能够得到人们的称赞和尊重。

　　四、发掘自己的强项

　　谦和的人并不是无能的人，找出自身的优点，最终帮助自己取得更大的进步。

　　谦和是一种可以令人终生受益的美德，可以帮助我们真正积蓄力量，避免给别人造成太张扬的印象。

　　一个谦和的男人，才能真正懂得大智若愚的道理，进可攻、退可守，用平和的心态对待人和事，最终才能取得更大的成功，实现理想，成就大事。

难过而默：

——男儿有泪不轻弹，沉默之中心在痛

男人的沉默，可能是内心伤痛的表现。他们不愿意让人知道自己内心的痛楚，所以用沉默掩饰着自己的悲伤。

当男人被伤得很重的时候，是最无法对人言说的。当心被伤害，即使伤口会愈合，也会留下伤痕。这种时候，除了黯然心痛，好像再也做不了什么，默默流泪是所能表达的唯一方式。

真正伤心的男人，无法对人诉说，无人看见的某个时刻，他们也会悄然落泪，因为，痛在心头。

程凡是一个年轻的男人，某年夏天的一天，他失去了他的初恋，这是他伤心的日子，但也是他最重要的日子，因为那天伤心的他在酒吧独自买醉，喝醉后的他醉倒在街头，然后程凡遇到了比他大两岁的安雅。安雅有个幼年因病去世的弟弟，长得很像程凡，于是她把程凡带回家，细心地照料喝醉后的程凡，于是他们俩成了最好的朋友。

此后，每当程凡遇到什么工作上开心或者不开心的事，他都会跟安雅分享，他升职了，涨工资了，跟同事闹矛盾了，外出学习了……

有时候，两岁的年龄差让程凡觉得好像一个世纪那么长，他总觉得安雅好像比自己成熟很多，安雅总是跟程凡说："弟弟，不要想留

住什么。当你越觉得舍不得什么东西的时候，就往往越是不容易抓住它，越容易失去。所以，我就从不想要刻意去留住什么。"

很快一年的时间就过去了，程凡觉得安雅在他的心里越来越重要，他有些话在心里，却不知道怎么跟安雅说。就在程凡跟安雅结识后一年的某一天，安雅的男朋友离开了安雅，安雅很伤心，程凡看着很为安雅难过，但他内心的某种感觉越发强烈。

冬去春来，很快又过去了一年。就在他们认识即将到两年之前，程凡有一个很特殊的考试，要去集团公司所在地集中考试。成绩优异者将被总公司统一培训，担任集团公司最重要的某个岗位的工作。程凡决定，等他跟安雅认识两周年的那天，他就要把心里的话告诉安雅。

离开家之前，程凡把自己的家托付给安雅，家里有在国外工作的程凡父母收藏的很多奇花异草，其中有几种兰花是非常珍惜的品种，价值连城。

五天的考试终于结束了，程凡知道自己考得很不错，他兴冲冲地赶回来，想跟安雅分享。但回到家中一看，让他大吃一惊，家里的花草都不见了踪影。他去安雅的住处找她，却听安雅的房东说安雅已经退租，不住在这里了。回家上网的程凡发现安雅的QQ在线，他发了无数话给安雅，但安雅却一句话也不回。程凡一直觉得安雅在跟他开玩笑。但有一个非常喜欢花草的好朋友告诉程凡，他们家的那些奇珍花草，有人在网上卖。因为有图片，他不会看错。

两年的时光，程凡对安雅的感情，从淡淡的亲情到浓浓的爱，一直没有说出口，却就此夭折了。他很想跟安雅说"小雅，我喜欢你，这是我很久以来一直想跟你说的一句话。如果你困难，需要钱，我一定会帮你，为什么你不告诉我呢？我只想你能回来，为什么你再也不回来了呢？"

一行清泪，悄悄流过程凡的脸颊。谁说男儿有泪不轻弹？被最信赖的人骗走了一切，让程凡心痛不已，他却无人可以倾诉，只能黯然落泪。

"男儿有泪不轻弹，只因未到伤心处"，这句出自明代著名文学家、戏曲家李开先《宝剑记》中的一段散曲唱词，真实地表达出男人重情重义的品质。再刚强的男人，也会有独自一人默默落泪的时候。

什么会让顶天立地的男子汉忍不住落泪呢？看看下面的一些事情，想想生活中的他们是不是这么回事儿。

1. 最心爱的女人离开自己的时候。

2. 至爱亲朋意外伤亡的时候。

3. 总以坚强面目面对众人，无法诉说心中的脆弱的时候。

4. 一番努力之后，不得不认输而放弃的时候。

5. 被现实中的其他人的深情大爱感动的时候。

6. 遇到心爱的女儿出嫁等特别大的喜事的时候。

当足球被踢进球门的时候、当国旗升起的时候、当某些电视节目中的感人镜头播放的时候……男人都可能留下宝贵的热泪，当男人伤心、动情、悲情、喜极的时候，即便是铁血男儿，也会难掩热泪。

其实流泪不是软弱的表示，而是内心真情的表达。一滴眼泪，代表了男人内心的真情厚意，许多时候，男人的眼泪比欢声笑语更真实、更真诚，也因此更宝贵、更伟大。

独处而默：
——人生好累，只想一个人静一静

现代过于繁重的工作导致很多男人压力巨大，身心俱疲，他们最想要的享受，就是一个人独处，享受安静。其实有时候一个人静一静的机会是很可贵的，假如他累了，就给他一点点时间独处吧，当一切的一切，在时间的流转中渐渐沉淀、消化。一切的烦闷、忧伤也会随着内心的平静而烟消云散了。

一般的白领是朝九晚五地工作，但有一部分白领，号称朝九晚十地工作，他们被工作所累，日复一日的加班和超大负荷地工作，有时候为了赶一个项目进度，甚至可能晚上连续加班到夜里一两点，由此导致身心疲惫，甚至不堪重负。于是他们最大的梦想就是能够一个人安安静静地待着，哪怕一个人不吃不喝地睡一整天觉，也是一种享受。有人因为连续加班、生活不规律而导致消化系统出现问题，更严重的甚至可能心脑血管出现问题，甚至出现过劳死的惨剧。

程远是一个海归，从英国读完 MBA 回国的他，进了一家跨国公司工作。

回国工作后不久，程远父母觉得年近三十的他也该到了娶妻生子的岁数，所以催促程远尽早结婚，好让他们能够早点抱上孙子。

　　程远不是很情愿地去了婚介所，把他的结婚要求登记在婚介所。他写的对女方的要求是：家世良好，受过高等教育，性格开朗活泼，有一技之长。很快，婚介所给他介绍了一个女孩，独生女，父亲是军人，母亲是医生，女孩音乐学院毕业，现在是钢琴教师。程远觉得对方挺符合自己的要求，就结了婚。

　　程远的公司在五星级的商务大厦办公，环境很好，待遇也很优厚，但工作压力也十分大，周末加班是常事，每天不能按时下班更是家常便饭。程远觉得工作很累，有时候觉得自己像一只被工作不断抽打的陀螺，不由自主地转动着。每当程远休息的时候，就很想一个人待着，让自己内心清净一下。

　　他的妻子因为工作很清闲，所以不是很能理解程远的那种心累的感觉，休息日总想让程远陪着去逛街、看电影、逛公园。两个人难免产生矛盾，程远好像忽然发现，最初的婚姻对象的条件少了最关键的一条，他没有写上"彼此相爱"，他觉得他们只是相敬如宾，却缺乏彼此理解、彼此深爱的那种亲密感。所以，两个人去马尔代夫旅行结婚回来后不久，两个人就感觉矛盾重重，要不是突然发现程远的太太怀孕了，他们两个人的婚姻几乎走到了尽头。

　　程远的太太觉得他太自私，不能体谅自己，而程远对婚姻的感觉也十分无奈。

　　程远内心感觉到十分疲惫，觉得无人能够分担，所以他旅行结婚后又几次独自出行，去了两次香港、一次澳门、一次新加坡、一次泰国……他用这种方式，化解自己内心的疲惫，觉得只有一个人独自出行的时候，他才能有真正的安静，才能真正放松身心，而在家的日子想静一静都很难。

随着人们生活节奏的加快，生活工作压力日趋增大，人们身心的疲劳程度也日益严重，严重者甚至出现"过劳死"的恶性事件，成为人们不得不正视的问题。

对于男人而言，人生中往往是充满疲惫的，这种疲惫跟女人的疲惫还不一样。我们说，作为一个女人也有自己的疲惫，例如，既要工作，又要养家，之后还要带孩子，做饭，然后还要照顾老人。尤其是，现在都是独生子女，但凡是两边的父母有一个身体出现状况，首先前去的都会是女人，因为有史以来，人们都会觉得，女人心细，所以更应该去做这些事情。于是，女人成为了一个多面手，既要照顾家人，还要去工作，不能没有自己的人脉。因为一旦没有人脉，做了全职太太，就很有可能有一天与自己的男人在交流上出现语言脱节，说得再现实点，不累是暂时的，等到真的出现他跟你没有共同语言，而更喜欢跟别的女性见面聊天的时候，那问题就可以让你好好累一下了。所以这里说，女人很累，非常地累。

但是男人也很累，因为他必须要告诉自己出人头地，假如自己真的没做出点什么，又有一份男人的心，看着自己的妻子本来很漂亮突然变成这么老了的时候，就会觉得自己很没用。不能让家人因为自己过上更好的生活。别人会说他没有出息。但是等自己真的努力做到好了的时候，他却发现自己与家人的距离越来越远，平时陪在家人身边的时间越来越少，妻子开始疑神疑鬼，自己还百口莫辩，最后假的变成真的了，自己还是得被两个女人抢来抢去，心想，绝对不能让他俩碰面。除此之外，还有一种是，有着美好的想法，但到了工作中却运气不佳，天天钩心斗角的事情太多，回家还不能说得特别清楚，最后真的就想一个人好好地安静一下了。

假如是因为这个原因, 千万不要打搅他, 一个人独处的时间是很宝贵的, 想做什么就做什么吧。大家走到一起本来就是为了相互体谅, 不管是男人女人都会有想一个人待一会儿的念头。生命说轻在这个世界上, 真的算不得什么, 说重在关心自己的人心里始终都是最为重要的。即便是自己有了家, 很幸福, 偶尔也会怀念一个人时候的快乐时光, 也会想时不时地找找一个人独处时候的感觉。不管是恋爱还是婚姻, 两个人的最佳状态绝对不是天天在一起起腻, 时不时地转换一下生活的方式, 也是不错的选择。

隐藏而默:
——不过多表达见解, 只想探听对方隐私

有人东打听西打听, 并不一定是一种关切的表现, 这种行为, 更多的目的在于过于关注别人的隐私, 总想从中探听到什么秘密。

据说人与生俱来的其中一种特点, 是有窥探他人秘密的心理。周围所有一切对于新生儿都是未知的, 所以他们充满好奇, 喜欢去探知自己不了解的任何东西。成年后的人们依旧喜欢探听别人的隐私, 也是基于差不多的道理。甚至在明知道正面打听对方年龄、收入等个人隐私属于不礼貌行为的情况下, 有人会用"你属什么的?"或者"你哪年大学毕业的?"来借此推断别人的年龄; 用"你待遇怎么样?"或

者"收入还满意吧？"来探听对方的工资收入。

被人诟病的狗仔队和狗仔文化，自从从香港传入内地，虽然被很多人所不齿，但依旧有很多人为此津津乐道，就是这种窥探欲望的典型表现；人们对比尔·克林顿和莱温斯基的性丑闻的关注，就是人们对别人的隐私大感兴趣的例证；而英国王妃戴安娜之死，就是人们疯狂追求窥探名人隐私所造成的悲剧。

现实生活里，人们不仅对名人的秘密感兴趣，对身边的人也充满了打探的欲望，想方设法去探听别人的事。

武冰刚刚进了一家单位工作，住在一间四个人的寝室里，他有两个室友跟他挺友好，彼此都挺随和的。另有一个室友汪涛好像有些特殊。

因为武冰来了不久，就发现汪涛好像格外"热心肠"。每当汪涛走过武冰的身后，总要假装无意地看看武冰在看什么书或者什么网页，有时候借故站在武冰的身后看着武冰跟他的朋友或者网友聊天，就连武冰接到朋友电话，都会发现汪涛好像格外凝神静气地留意听着他在跟电话里的人在说什么，然后判断电话那端的人是男是女。

每当这种时候，武冰恨不能在自己身边挂一个帘子，把自己给"屏蔽"起来。他只能用一副看似茫然不解的眼神看着汪涛，汪涛才会转身走开。虽然武冰觉得自己的日子过得平平淡淡，也没有什么值得别人窥视的特别的隐私，但总被人窥探的这种感觉，让他非常愤怒和不快，不得已，他去网上发帖求助，问怎么对付讨厌的室友。

最终，武冰按照网友的建议，在屏幕上做了一个很醒目的Flash，内容是一行五颜六色的字，上面写着："我想杀死那些总是窥探我的人！"

为什么很多的人热衷于探听别人的隐私？

一、个人成长的需要

每个孩子从出生开始，就有对自己身世和来历的好奇，我是怎么来到这个世界的？这是很多父母讳莫如深，而孩子苦思冥想想知道答案的问题。对孩子来说，一切都是未知而令人好奇的，越来越多的疑问和隐私形成一种令孩子急于探知的好奇心和探求欲。孩子通过对于父母隐私的探求，提高其对自己所生存的人际环境的理解和认识，强化对世界的认识和适应能力。人对别人隐私的窥探，来自于这种最初的好奇心，这是人类的天性之一。

进一步地，孩子对父母情感隐私正面和负面信息的窥探和了解，从而客观地了解人性、情感和爱的实质，就能够顺利塑造自己的健康人格，让自己适应复杂的情感生活和整个世界，这是孩子了解自己、了解世界的最佳途径。

二、对他人的否定来建立自信

最初父母在孩子心里是格外强大的，孩子希望成为父母那样"无所不能"的人。随着孩子的成长，他们知道父母也有缺陷和不足，并不是他们所想象的那样高大。长大后的人们，把对父母的窥探引申到他人或明星身上，尤其是对他人或明星的负面隐私更感兴趣，既对这种缺陷感到不屑，又津津乐道。

通过对父母和明星的"去理想化"，去掉对方身上的光环，揭示对方身上不光彩和黑暗的一面，使得自己不再感到自己的无能和自卑，从而建立起自己的自信。

三、获得别人的关注

每个人通过各种不同方式来显示自己的地位和重要性，就比如好学生通过自己的优异成绩来获得认可，而成绩差的孩子通过打架或调皮捣蛋来获得关注一样，喜欢窥探他人隐私的人也是为了炫耀自己似乎比别人知道得更多，而显示自己的能耐，获得内心的满足。

四、自我保护

安全是每个人所需要的基本满足之一，隐私也是保证自我安全的一部分。为了不暴露自己的隐私而影响自己正常的生活，每个人都会有意识地给自己设置安全防护栏。打探别人的隐私，在人的潜意识中可以有两种作用：如果自己的隐私暴露受到威胁时可以反过来用他人的隐私威胁对方；借鉴他人的过错提醒自己避免。

五、宣泄个人欲望

极少数人通过窥探别人的隐私，满足自己扭曲、变态的原始欲望，成为意淫癖倾向的性心理障碍者。他们专注于窥探别人性隐私的一些细节，对此添油加醋地大事渲染，充满色情色彩，然后又仿佛把自己置身于一个道德的高度谴责他人，对别人的性隐私咬牙切齿地感到愤怒。他们在潜意识中把自己认同为性隐私中的主角，通过对他人性隐私的窥探和描述，用想象满足自己，获得某种罪恶的快感，发泄自己的性欲和攻击欲。同时他们这种人往往内心有极度的性压抑，他们对别人的愤怒和仇恨，既是担心暴露自己强烈的的性欲望，又是来自于自己内心对自己的谴责和愤怒。

心理学家苏晓波曾经这样说过："只要人性还存在着缺陷，窥探隐私的喜好，就永远不会结束。"

怕事而默：

——关键时刻，一声不敢言语

有人胆小怕事，到了需要"该出手时就出手"的关键时刻，不光是不敢出手，甚至连出声都害怕被对方伤到自己，所以采取鸵鸟的方式，不发一言，不置一词，借此明哲保身。

有些人生性胆小，性格优柔寡断，不敢当众说话，总怕在众人面前说话说错了让自己难堪；遇到问题总是习惯于依赖别人，自己往后退缩；遇到困难就忧心忡忡，没有主见；遇到危险或者什么紧急事件，就更加不敢多语，只想找个地方藏起来自己。这样的人，最大的问题，不在于性格内向，而在于对自己缺乏自信。

王铁柱的个性不太像他的名字，不知道他父母怎么给他起的名字，很多人都怀疑他父母可能是觉得他胆小，所以反其意而用之。

他平时总是遇到什么问题就往后退。比如说公司会议，让给领导或者同事提意见，王铁柱总是尽可能不说话，如果被点到名字，就总是说："这个嘛，都挺好，挺好的！"后来领导都知道王铁柱这个毛病，所以很多时候都懒得问他什么，反正觉得问也是白问，他什么也都不愿意说。

一次王铁柱跟另一个同事一起外出，碰到小偷，那个同事提醒其他人小心小偷，被小偷打了，回来后其他同事都说王铁柱："你要是上去帮着，咱们的人也不会被人打啊，你怎么不吭声呢？"王铁柱一言不发。

一天，公司加班。其中一个女同事带了男朋友来，想跟领导请假去办私事。因为当天的工作量很大，领导不准假，话也说得很不客气。那个女同事的男朋友大概看自己的女朋友受气心理不舒服，所以突然发火，冲到女领导面前，动手打了那个说话有些刻薄的女领导。当时王铁柱就坐在女领导的前一排座位，前后座位之间只有半封闭的隔断，按理说他支起身子就能看到事情的发生。

也许王铁柱怕帮着拉架，那个女同事的男朋友也会打他，所以他假装什么都不知道，直到打人者被另外的一个女同事和受委屈的女同事两个人拉开，王铁柱才抬起头，好像什么事都不知道，用刚刚醒过来一样的口吻问道："怎么了，出什么事了？"打人者和他的女朋友，事后离开了单位。

下午单位领导来了，气得召开会议，特别批评了王铁柱一顿。领导说："我没有想到，我们的有些同事这么怕事，这么不敢坚持正义！我听说，出事的时候，咱们有女同事都上前去拉架了，咱们的王铁柱同志居然不知道发生了什么。最起码的，你总该言语一声，让人知道，咱们的同事是有团队意识的，是团结的，你倒好，不去拉架不说，连声都不敢吭，否则也不会让外面来的人把自己的领导和同事给打了吧！作为一个男人，我都觉得替你感到丢脸！"

不管是什么样的女人都希望身边的男人有点男子气概，这样自己的内心才会觉得有依靠，有安全感。有些女人说自己什么都不图，假如有一天选择一个男子，图的就是那份踏实和安全。要说相比于男人来说，女人才是最为柔弱的，天生会因为一些事情而胆怯，当然也有很多女人属于外柔内刚的类型，但这并不代表着她们不需要男人给予的那份保护。

我们不难想象，当一个女人在外面受了欺负，回来哭着对自己的丈夫抱怨，丈夫一听对方不好惹，或者不管好惹不好惹都不想给自己惹事儿，就没好气地对妻子说："你能不能别在外面给我惹事儿啊。"当听到这句话的时候，对一个女人来说其痛已经超过了刚才的折磨，因为她会觉得这一辈子自己都会很悲惨，因为自己的这个男人根本靠不住，永远都属于那种怕事的人，到了关键时刻，想让他保护自己是指望不上的，假如自己解决不了，就只能听天由命了。

其实有时候，女人对于一个男人的要求不高，假如外面真的受了欺负，她并不是一定要男人冲出去跟对方拼命或者怎样，换句话说，她想听到的往往是希望对方能有个表态。哪怕对方说："我找他去。"却没有去，她的心里都会好很多。起码她知道，这个男人从心里是有这个念头的。正所谓每个人的能力有限，即便是一个男人也并不是什么事情都能解决得很好。但最起码让女人知道你在尽力她就很欣慰。

对于女人来说，绝对不喜欢惹事儿的男人，但也并不意味着她就能够忍受怕事儿的男人。在她的心目中，男人的不怕事儿未必就一定要硬碰硬。而是可以运用自己的智慧解决问题。正所谓并不是挡了枪眼儿的才叫英雄，假如要选择，不管是男人还是女人都知道活着是好的。假如这个时候我们可以运用很多方法，既保护了自己，又惩治了那些欺凌自己的恶人，且近且退，游刃有余，不管怎么绕弯儿还是把这件事儿给做了。当然，男人不是万能的，但没有点走在前面的勇气是万万不能的。

假如我们可以想象曾经古代的一些血腥场面，就不难看出，假如发动战争，兵临城下准备屠城，那么首先要做的就是先摆平城里的男人。也就是说，从中国古代伦理上来说，但凡有一个男人在，就有保护自己家庭、城池，乃至国家的责任和能力。除非自己不在了，管不了了，否则就一定会坚持到底。因此，即便是古代屠城这样血腥的事情，都会给男人以特殊的尊重。当然从古到今，即便已经有不少女兵参战，但当国家需要的时候首先站出来的必然都是男人。即便不是人类，在动物的种族中，但凡遇到危险，第一个站出来的也是雄性，由此看来男人天生就承担着保卫性质的义务，象征着坚强、力量和勇敢。假如一个男人真的辜负了自己身为男人的本性，那么又有谁会真心地愿意青睐于他呢？

　　看到这里，不禁想告诉男人一些如何培养自我处理问题的方法，并以此来不断地磨炼自己，不让自己再胆小怕事，不至于在该说话的时候哑然失声？

一、跟朋友说话开始锻炼自己

　　再胆小的人，跟自己的亲人朋友说话总是不缺乏底气的，可以从他们开始，慢慢锻炼自己说话的勇气和能力。然后慢慢扩大范围，从中寻找说话的感觉，你会感觉到自己有一定的自信，如果有好朋友在场一起参与谈话，依托朋友的帮助，就会让自己慢慢改变。

二、寻找擅长的领域入手

　　对于自己不擅长的领域或话题，一般情况下都有插不上话的感觉，应该避免那种情况发生。从自己有经验的话题着手，谈话中尽量把握不偏离这个话题，控制在自己熟悉的范围内，就能让自己更有说话的底气。

三、避免自卑

自卑是个很令人讨厌的东西，自己紧张，也会造成别人尴尬，所以要尽力改变自己自卑的心态。

四、不怕出错

每个人都难免出错，要有犯错的勇气，不怕经历曲折，从中可以更好地磨炼自己，提升自己，就能进一步地增加自我成就感，下次就会做得更好。

总而言之，男人的沉默可以是沉稳的，可以是冷静的，甚至可以是带有杀伤力的，因为这种沉默，即便是一个字也没有，也有着相当强大的威慑力，它可以给人一种不可小觑的感觉，可以赢得更多人的敬畏之心。但假如一个男人真的没有这两下子，至少也不要犯这种因为畏惧而沉默的毛病，即更是犯了也不要让女人看出来，因为当别人看到了的时候，首先刺痛的就是她的心，其次只能让她慢慢收回对你付出的一切，因为在她心里你早已经不是什么靠得住的男人了。

忌妒而默：
——妒火难消，别人都说好他也不说好

有人出于对他人的忌妒，对承认他人的成绩心不甘情不愿，即使人人都会认可，他也不肯出自内心地承认别人的优秀。谁说只有女人好忌妒，对于一个男人来说，当自己能力不及他人的时候，那种内心

的不舒服有时候比女人还要强烈。假如那种忌妒在心中泛滥，即便是沉默也会让你觉得非常可怕。

忌妒往往是由于感觉别人占据了自己原有的优势地位，或者自己心爱的东西被他人得到所产生的内心伤痛、嫉恨对方，很想打击对方甚至毁坏别人的一种心理情绪。很多人都有一种善妒心理，其实妒忌别人的人在心理上已经处于一种劣势，内心其实明白自己不如别人，只是不肯承认罢了。对于别人不好的方面喜欢道听途说、捕风捉影，对别人出色的地方反而视而不见、充耳不闻，其实这正是内心的忌妒在作怪。

姜堰和刘森是同时进单位的年轻员工，又恰好分到了同一个部门。他们俩年龄相仿，外形和个性倒是相差很多。

姜堰长得人高马大，性格外向活跃，喜欢打球，说话底气很足，人送外号"球星"。而刘森长得身形瘦小，性格内向，不怎么多说话，说话也是低声细语的，有人私下里管他叫"老乡"。

跟他们俩同时进单位的，还有一个秀气的女孩名叫刘婷婷。报到的时候刘婷婷正好跟刘森同时进公司，看到了刘森的个人简历，意外地发现他们俩竟然来自同一个省的同一个地方，只不过刘婷婷家是市里的，而刘森家是下面一个县城的。他们来自同一个地方，又都姓刘，所以刘森就觉得跟刘婷婷格外亲。

进单位第一周是内部培训，人事部门给他们几个新来的同事集体培训，姜堰也注意到了秀气可爱的刘婷婷，于是也对她很热情。刘森嘴里没有说什么，内心觉得很不舒服。

他们进单位半年后，很多人都知道，姜堰和刘森都在追求刘婷婷，有点幸灾乐祸地等着看好戏，开玩笑说"看看'老乡'能赢，还是

'球星'能赢"。很多年轻人私下里打赌,大多数人看好姜堰,因为觉得刘森除了跟刘婷婷是同乡外,没有其他比姜堰出色的地方。

不久后就有了结果,虽然刘婷婷跟刘森来自同一个地方,但是个性活泼的她还是喜欢高大、阳光、帅气的姜堰,觉得在他身边才能找到小鸟依人的感觉。

爱情甜蜜的姜堰工作劲头也格外高涨,所以不久后在一次同行业的评比中,取得了很好的成绩。而心灰意冷的刘森就没有那么幸运,没有得到刘婷婷的爱情,让他觉得工作也没有精神,所以同样参加考试的他,连前二十名都没有进入。

刘婷婷本来想过来安慰一下刘森的,毕竟跟他是同乡,可是看到他的眼神,刘婷婷把刚开口的话咽了下去,不想再多说什么。

当单位表扬姜堰的时候,记者也顺便采访了一下刘森。当问到对姜堰获奖有什么感想的时候,刘森一个字也没说,眼神里明明白白地写着"妒忌"两个字。

对于男人来说,得不到自己想要的东西,而眼睁睁地看着别人拿走的感觉是很痛苦的。那种由内而外的忌妒感会让他们在无尽的沉默中总是想做点极端的事情。在这种情况下,男人一般会分为以下几种。下面就让我们依依将其列举一番:

第一种:表面祝贺,内心却极不平衡,回家自己折腾型。

要说这种男人,对于他人的伤害力还算小的,表面上很像是在祝贺你,但是回去以后一张深沉的脸板起来可怕得吓人。谁跟他说什么他都不理,再逼急了就直接开始发脾气,尤其是在回家以后,别人都不知道怎么回事,他就开始没事找碴儿。这种人在外面貌似是个老好人,但真正承受他灾难的永远是他的家人。正所谓家丑不外扬,大多数家人都会选择承受下来，保持其在外面的完美形象。

第二种：假如得不到就想办法把它毁了。

这种男人是很可怕的，因为你根本就不知道自己什么时候就招到他了，而这个时候，他的沉默似乎会让你有一种如临大敌的感觉。这样的男人往往心胸不宽，但智商却在多人之上。正是因为一直太优秀了，所以突然自己想得到的东西得不到的时候才会有了这种心有不甘的妒忌感。最终纠结往复便会莫名地产生仇恨，最终采取极端的表现，当自己实在争取不到的时候，这种人很可能会采取更具毁灭性的方式，那就是我得不到的，任何人也别想得到，哪怕这个东西毁在我的手里，也不让任何人得到它。这种人要么能成为极富才华的人，要么就会误入歧途，走上它途。所以对于女人而言有才的男人很珍贵，但心胸开阔的男人更重要，因为他们可以容纳得更多，豁达得更多，即便心中有了这种念头，也能自行予以处理和化解，他们可以容得下别人得到的一切，也知道自己的路永远都踩在自己的脚底下。

第三种：永远不说你好，但也不会说你坏型。

有的男人，遇到高手不能敌的时候，表面上永远跟你是和和气气的，但是从他嘴里面永远不说你的好，也永远不说你的不好。不说你好是因为他不愿意抬高你，征服不了自己的忌妒之心，不说你不好是因为他非常爱面子，生怕说你不好说多了别人说他没有男子气概，不够胸怀。这种人的内心是很矛盾的，他们永远都在保持沉默，有些时候，对方好意帮他，他却很直截了当地拒绝，但绝对不会说你不好。总而言之，这种人做事还是可以克制自己不做恶事的，只不过其心里会很痛苦，不知道自己为什么就一定要比别人差，自己很努力了，为什么就是比不过别人。

第四种：好的事儿也永远不说你好。

有些男人平时对自己的对手很谦和，但是只要对方提出一些意见的时候，即便是说得很对，他也要提出反面意见予以驳斥，假如对方提得非常好，即便是改变不了他也要想办法降低点档次。多好的事儿，在他嘴里就变了另一种味道。这种味道常常会让对方莫名地感到尴尬，之后他会很谦和地过去说："我对事不对人，我们只是在探讨问题，你不要太挂在心上。"时间长了，别人还会觉得他很敢直抒己见，胸怀也很宽。要说这种人是有着自己的小聪明的，他知道自己能力上不如别人，但是他又不愿意一切听由他人摆布，最终用了这样的手腕儿，假如对手紧紧专注于工作和技术，那么从心计上就绝对不是他的对手了。

忌妒真的很可怕，心不开阔，要么伤害别人，要么就只能用来伤害自己，其实世界上的人无所谓谁过得好，谁过得不好。在这个社会生活，不开心的永远会比开心的事情多，烦恼永远会比快乐多，除非你自己会排解。假如说每个人都是独立的个体，那么人生永远在于自己，生活的选择也永远在于自己。忌妒是一种毒，它往往在我们的心里潜伏得很深，女人有女人的妒忌，所以女人世界里的争斗是很残忍的。但男人也不是说胸怀就那么宽广，必定人无完人，假如有个男人能在萌生忌妒的时候可以有效地自我控制，那已经说明这个男人是值得交往依靠的了。